U0079218

我的第一堂
Procreate
電繪課

人氣插畫家 Boniroom ── 著　　陳靖婷 ── 譯

보니룸의 아이패드 드로잉

在電繪中拓展出手繪新世界

初次見面的人總會問我：「為什麼當畫家？你在教畫畫嗎？」雖然我的主修學科、過去的工作都與畫畫無關，但我始終喜愛畫畫。很多畫家都是自然而然地把繪畫變成工作，但其中必定存在開始的契機，而我個人的契機，正是從買了iPad開始的，我購買了iPad、下載了16000韓元（約台幣390元）的APP後，便開始了這份工作。

從未接觸數位繪圖的我，踏上這條道路後，進入了全新的世界。將繪畫變成數位檔案以後，就能製作成任何東西，也因此創造了「Boniroom」商品設計品牌。隨後，我也自行出版了收錄許多作品的插畫書《23點的餐桌》，從編輯、出版、進貨至獨立書店、管理庫存，皆是使用iPad完成，這如同薄書般的機器竟能完成這麼多的事情，著實令人驚訝。

過去從事傳統繪畫工作的我，透過數位繪畫完成了各式各樣的創作。當然，最初的我對於數位繪圖也感到相當陌生，因此我想透過這本書，來幫助那些下載APP後仍是茫然、不知道如何使用的讀者們。

這本書收錄了Procreate的介紹、基本使用方式、各種繪畫方式和實用小技巧。希望各位都能不受時間和空間的限制，盡情嘗試繪畫，並享受繪畫所帶來的快樂，甚至也可能像我一樣，因為繪畫而改變了自己的人生和工作。跨出第一步並不需要過多的準備，只要有iPad、Apple Pencil和Procreate APP，你就可以在小小的螢幕上，盡情地創作出鉛筆畫、色鉛筆畫、水彩畫等作品。

Boniroom

PART 1

基礎篇

熟悉 Procreate

PART 2

實作篇

WARMING UP! 跟著畫

LEVEL 1　簡單練習手感

LEVEL 2　善用繪圖技巧

LEVEL 3　提升作品質感

LEVEL 4 以完成的作品構圖

APPENDIX

提升電繪功力的小技巧

PART

1

基礎篇

熟悉Procreate

在進行數位繪畫前，
我們先來熟習Procreate的操作介面和基礎功能，
只要掌握了以下的多項技能，
就可以一起輕鬆畫出各種圖案！

關於 Procreate 繪圖軟體

市面上有各種免費或付費繪畫APP，而本書是使用「Procreate」進行繪畫。
Procreate雖然是付費APP，但提供完善的繪圖功能，備受大眾喜愛。由於是
付費APP，因此系統會持續修正和升級，但只需付費一次，就能買斷使用。
本書以Procreate 5.1.8版本教學，隨著版本更新，系統可能會略有差異。

由於版本差異的關係，每個人的軟體內建筆刷不會完全相同。如果本書中建
議使用的筆刷樣式於軟體中找不到，那麼可以尋找相似的筆刷代替，以進行
繪圖操作；或是也可以預先下載本書提供的筆刷檔案（參閱p.78），其中附
有本書繪圖時會經常使用的多數筆刷款式。

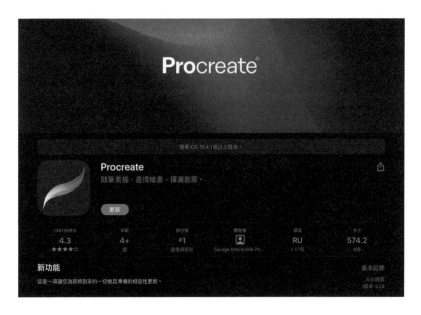

在 App Store 搜尋「Procreate」後購入

電繪的基本工具

iPad

在開始前，務必先準備好繪畫用品。本書使用的Procreate目前僅支援Apple
產品，購買時可根據需求選擇螢幕大小、記憶體等。可以使用Procreate的機
種有iPad Pro全機種、iPad 5以上、iPad mini 4以上、iPad air 2以上。關於
iPad機種和性能的比較，可至Apple官網查詢，或到實體店試用過後再購買。

Apple Pencil

除了iPad之外，還需要準備觸控筆。Apple Pencil分為第一代和第二代，每
個機種適用的不同，請根據型號來挑選。

iPad 螢幕保護貼

我們將 iPad 螢幕視為紙張來繪圖，螢幕便有損傷的可能，一旦受損，畫質的鮮明度會降低，所以建議使用螢幕保護貼。大多都會使用一般螢幕保護貼、強化玻璃保護貼、紙質保護貼，每種保護貼各有優缺點。其中，紙質保護貼不會有螢幕的滑感，用起來如同以鉛筆在紙張作畫，相較起來可以更容易適應數位繪畫，不過紙質保護貼和紙張一樣有凹凸，容易磨損筆尖。

Apple Pencil 筆尖

Apple Pencil 附有基本筆尖，而這些筆尖屬於消耗品。若使用紙質保護貼，筆尖會消耗得更快，尤其在不熟悉筆壓的情況下，手可能會不自覺出力，導致筆尖磨損。

筆尖套

如果不希望經常更換筆尖，那麼可以善用各種方式保護筆尖，像是購買市面上販售的筆尖套，或是將釣魚用品的保護套剪下，作為筆尖套來使用。

iPad 保護套

如果 iPad 經常被攜帶出門或用來處理文書、看影片等，那麼推薦使用能調整角度的保護套。保護套可以根據用途變換角度，使用起來十分方便，而且具保護功能。

平板架

數位繪畫和手繪一樣，長時間作畫會導致手腕不適，尤其若是平放在桌上，脖子也可能疼痛，因此建議使用平板架輔助架高，減輕負擔。

認識主畫面

Procreate 主畫面就是充滿著儲存檔案的畫面。我們可以使用右上方的檔案管理列：點選〔選取〕調整順序，點選〔匯入〕開啟其他檔案，點選〔照片〕開啟已儲存的照片檔案，點選最右側〔＋〕能開啟新的工作畫面。另外，只要按壓著檔案拖曳至其他檔案上方後放下，就會自動形成資料夾。

TIP 檔案過多會較難管理，建議使用資料夾功能，將檔案分門別類。

$$\boxed{4}$$

電繪的基礎概念

無論是以Procreate或是其他軟體進行數位繪畫，都必須了解圖像處理方式與色彩模式。圖像處理方式與色彩模式是開啟Procreate畫布時最重要的部分，要先正確理解才能做出適當的選擇。

圖像處理方式

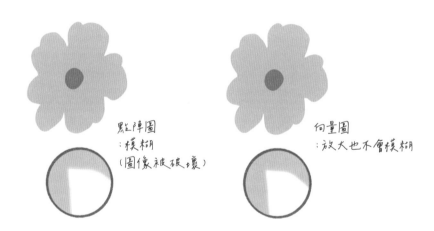

點陣圖
：模糊
（圖像被破壞）

向量圖
：放大也不會模糊

數位檔案的影像分為「點陣圖」與「向量圖」。

點陣圖

Procreate和Adobe Photoshop同樣屬於點陣圖環境。點陣圖以「像素」為單位，由方形小點組成圖像，因此不論解析度再怎麼高，只要放大圖片就會模糊（圖像被破壞）。由於這個原因，在使用Procreate時，最終成品的大小要和最初設定的畫布一致，才能避免圖片畫質出問題。

TIP 在點陣圖環境中，圖像放大會模糊，縮小或轉向也同樣如此，因此最好一開始就精準設定，以避免完成後需要進行修正。

向量圖

這個影像處理方式和Adobe Illustrator相同。圖像是由點、線組成座標來進行繪畫，因此即使改變畫布大小，數值也會跟著變動，不會造成圖像破壞。一般大型印刷品皆以此方式進行。

色彩模式

RGB   CMYK

數位繪畫的色彩模式分為RGB和CMYK。

RGB

這是指電腦、電視等螢幕所呈現的色彩模式。由於在螢幕呈現，因此擁有色彩表現無限制的優點，不過若要印刷，就要轉換為CMYK。為了讓螢幕顏色和印刷顏色相符，所以必須做色彩校正。不過即使進行色彩校正，也無法與螢幕上色彩完全相同。

CMYK

印刷用的色彩模式。以油墨組成顏色，相較於RGB，能呈現的顏色有較多限制（如螢光色、彩度高的鮮明色彩）。

TIP 如果最終成果要在網頁上使用，那麼可以在RGB模式進行設定和操作；如果要進行印刷，則需要將色彩模式設置為CMYK，這樣在實際印刷時，會與螢幕上的顏色差異較小。本書圖像是使用RGB進行操作，轉換為CMYK色彩模式進行印刷。各位繪製圖片時，由於螢幕上的色彩模式是RGB，所以與書本上印刷出來的圖像色彩會有差異。

建立畫布

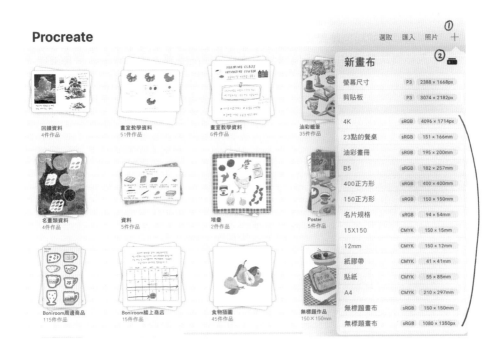

1　開始作業時，要根據所需的圖像大小和色彩模式創建新畫布。點擊右上角〔＋〕後，點擊黑色文件夾圖案〔▇〕，就會彈出畫布設置畫面。一旦建立畫布，相關資訊就會保留在列表中，之後如果需要再次使用，就可以直接從列表中選擇並創建。

TIP　下方列表會陳列過去創建的畫布資訊。

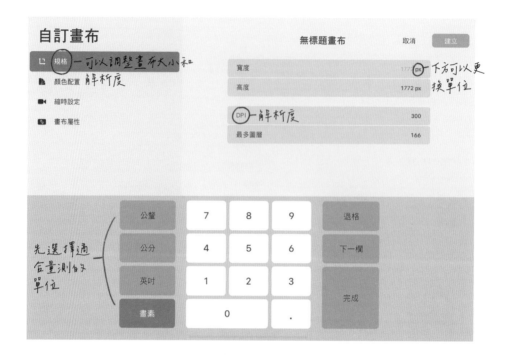

2 可以設置所需的畫布大小。預設單位為px（像素），但由於很難估計像素單位的實際大小，因此可以根據自己喜好轉換為更方便的單位。本書使用的單位是mm。

3 DPI代表解析度，較高解析度可以製作高品質圖像。但是隨著解析度的增加，可用的最大圖層數量會減少，所以除非是必要狀況，否則建議適當調整即可。一般專業印刷300dpi就足夠使用了。

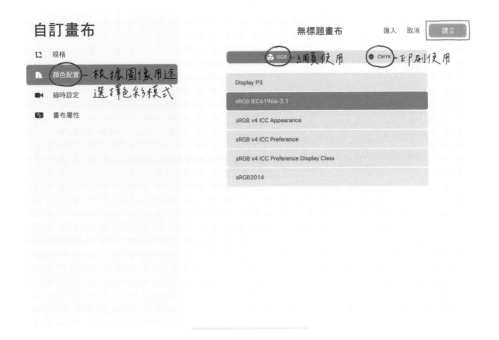

4　設置好畫布大小後，就可以在「顏色配置」中選擇所需的色彩模式。如果要將圖片用於網頁上傳，請選擇RGB；如果是用於印刷，請選擇CMYK。根據目前Procreate版本，在使用CMYK進行作業時，可能會遇到填充顏色功能的問題，或是在Photoshop中打開文件時出現錯誤。有一種解決方法是先在RGB模式下進行作業，之後在Photoshop中將色彩模式轉換為CMYK，並進行色彩校正。

　　每種色彩模式都有選項。RGB通常使用sRGB IEC61966-2.1，這是與Photoshop兼容且常用的選項；CMYK通常則使用Generic CMYK Profile作為預設選項。本書圖片也是根據sRGB IEC61966-2.1進行繪製，所以使用內建選項創建畫布即可。

5　設置完畫布大小和色彩模式後，請點擊右上角「建立」橙色按鈕，即可打開畫布作業環境。

畫面構成

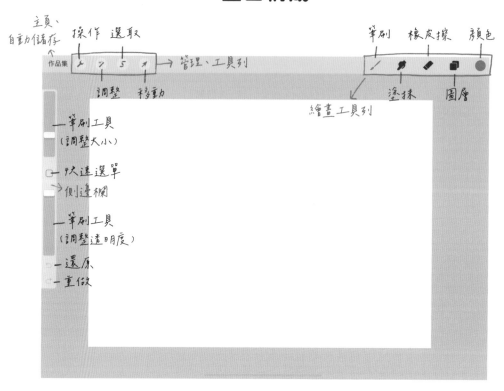

本書將會使用上述用語，請牢記以方便後續操作。

左上角的〔作品集〕主頁
可進入主頁（作品集）的按鈕。

左上角的管理、工具列
包含文件管理功能，以及各種圖像調整和變換功能的選項。

右上角的繪畫工具列
包含筆刷、塗抹、橡皮擦、圖層、顏色等，與繪畫相關的功能選項。

左側的側邊欄
與繪畫工具列一起使用，包括調整筆刷、塗抹、橡皮擦大小和透明度的滑動條，以及可以從畫面中選取所需顏色的滴管功能，還有還原和重做功能的選項。

繪畫工具

筆刷 ✏️

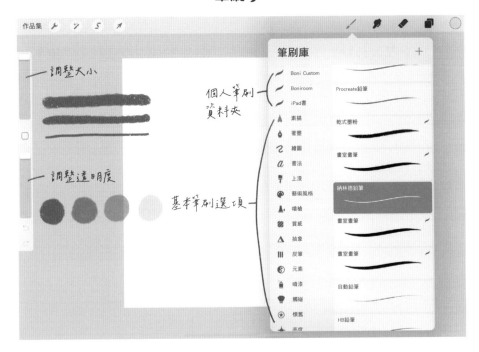

右上角的繪畫工具列中，筆刷是經常使用的工具。點擊筆刷工具〔✏️〕，就會彈出可供選擇的筆刷種類。此程式於每個基本類別都收錄了質感相似的筆刷。選擇筆刷後，可以使用側邊欄中的滑動條來調整筆刷的大小和透明度。

TIP 繪畫時可能會經常使用某些特定筆刷，在這種情況下，可以建立並整理個人的筆刷資料夾，這麼一來就能輕鬆選擇使用。

TIP 不建議使用側邊欄的透明度調整，因為無法精確檢查和修改數值。最好是利用圖層的透明度調整（參閱 p.47），這樣能精準設定透明度數值。

筆觸的感應器非常細緻，可以根據筆壓和手握角度創造出各種不同筆觸，有如在實際使用鉛筆一樣，所以即使只使用一種筆刷，也能表現出豐富的線條和著色效果。雖然使用多種筆刷並了解筆刷的特點很重要，但固定使用幾種符合個人喜好的筆刷，對於塑造繪畫風格也是個不錯的方法。

找到適合自己的筆刷

具有紋理的筆刷相較於光滑的筆刷，可以創造更豐富的感覺，所以即便只使用一種筆刷，也可以繪製出完整的圖畫。就我個人而言，也不會用到Procreate的所有筆刷，我通常主要使用的筆刷是〔6B鉛筆〕，各位也可以尋找符合自己喜好的主要筆刷。

在筆刷類別中，可以嘗試選取多種筆刷，並進行以下操作來調整筆觸的粗細、筆壓和角度的變化。在嘗試過後，一定能找到符合自己喜好的筆刷。

筆尖傾斜角度

多數人都如同握鉛筆一般在使用 Apple Pencil，而如果以不同的傾斜角度使用，相同的筆刷也可以表現出不同感覺。當筆觸傾斜度增加，筆刷的紋理顆粒會更粗大，所以如果想要表現出大面積塗色或輕柔飄散感，只要將筆尖與握筆的手指稍微拉開距離，就可以輕鬆調整效果。

〔6B鉛筆〕傾斜角度的差異

TIP 當塗抹大區域時，將畫筆傾斜可以更快速填色。如果希望增加紋理，則可以將筆平放，那麼筆刷獨特的紋理會更加突出和自然。

創建筆刷資料夾

可以根據需求創建筆刷資料夾，這樣使用起來會更方便。每次更新程式時，都會增加新的筆刷選項，所以如果有常用筆刷，建議將它們放入單獨資料夾中，這樣就能快速選擇，不必在眾多筆刷中尋找。

TIP 下載本書所使用的筆刷檔案，使用起來更方便。→參閱 p.78

1 　點擊筆刷工具，將筆刷選項向下拉時，最上方會顯示原本隱藏的〔+〕按鈕，點擊此按鈕即可建立新的筆刷資料夾。

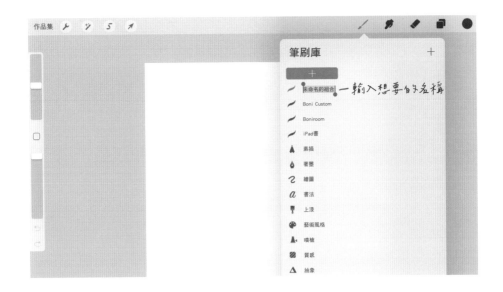

2　建立新的筆刷資料夾後，輸入資料夾名稱。

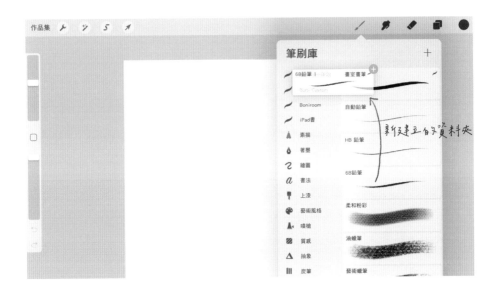

3　我們可先把本書中最常用的〔6B 鉛筆〕筆刷移動到新資料夾中。在〔素描〕類別中找到〔6B 鉛筆〕筆刷，長按筆刷後，將其拖動到新建立的資料夾上方。

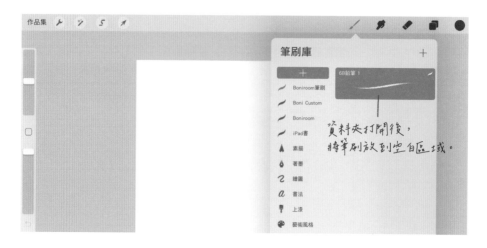

4　在將筆刷放到新資料夾上方時，如果新資料夾閃爍並打開，請將筆刷放在空白區域。透過此方式，可將常用的筆刷複製到新資料夾中整理。

TIP　打開筆刷資料夾時，需要等待一段時間，待資料夾閃爍並出現類似被選中的效果後，再放置筆刷。

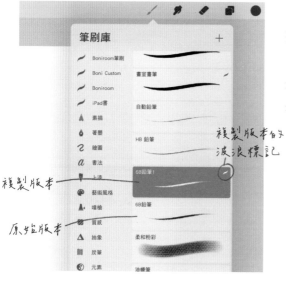

區分原始筆刷和複製筆刷

如果筆刷名稱後面出現數字「1」，表示筆刷成功複製，或是筆刷右上方的波浪標記也代表複製的筆刷。

TIP　原始筆刷的位置會保持不變，並自動複製移動。

筆刷的選項

將筆刷向左滑時，會出現可以使用的其他選項：

〔 分享 〕可以將筆刷分享給其他設備或畫布使用。
〔 複製 〕可以製作該筆刷的複本，通常是在對原始筆刷進行小修改時使用。
〔 重製 〕可以將修改後的筆刷還原至原始狀態。

TIP 由於複製的筆刷不是原始筆刷，因此〔重製〕選項會更換為〔刪除〕選項。

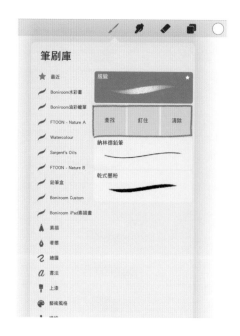

在筆刷類別的最上方有「最近」的類別，這裡會顯示最近使用的筆刷。將此類別中的筆刷向左滑時，會顯示多種操作選項。

〔查找〕會導航到該筆刷的原始位置。
〔釘住〕選定的筆刷會被固定在上方，並在右上角會有星星標記。如果沒有經常使用多種筆刷，那麼可以不必另外建立類別，使用釘住功能即可。
〔清除〕清除「最近」中的筆刷使用記錄，不會刪除筆刷本身。

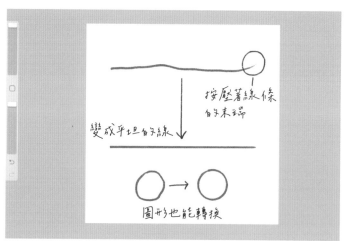

繪製直線與形狀

在繪製線條或形狀後，長按筆刷不放開，就可以畫出平坦的形狀。在畫出平坦的線條或形狀後，保持筆刷長按並用另一隻手指觸碰螢幕，再移動筆刷，就可以進行圖形的旋轉或調整大小。

TIP 畫一個圓並長按筆刷時，用另一隻手指觸碰螢幕，即可建立一個橢圓形。

塗抹 🖌

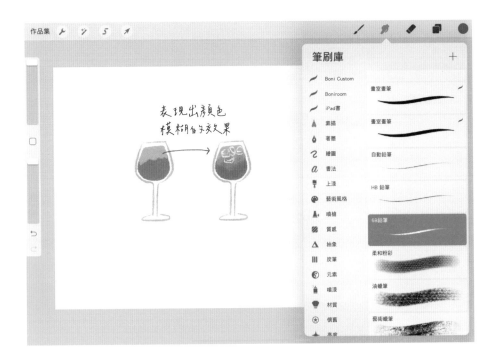

塗抹工具通常用於讓不同顏色或框線之間形成自然的平滑感。當選擇塗抹工具〔🖌〕時，與筆刷一樣會出現可選擇的筆刷類別，可以使用與筆刷工具完全相同的筆刷類型。塗抹與筆刷一樣，可以使用側邊欄的滑動條，調整筆刷的大小和透明度。

塗抹工具提供了手指擦拭的效果，例如模糊效果、光線模糊效果、擴散效果等。根據繪圖需求適時使用，可以展現出更豐富的表現。

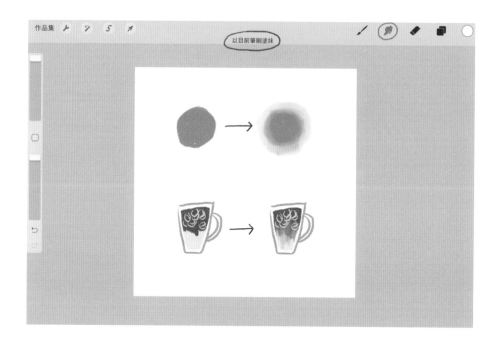

TIP 長按塗抹工具〔 🖊 〕時，上方會暫時顯示「以目前筆刷塗抹」的文字，便可以使用正在繪畫的筆刷進行塗抹。使用相同筆刷進行塗抹，能讓圖像更自然，也可以減少尋找筆刷類別的麻煩。

TIP 塗抹僅適用於所選圖層，如果想要一起塗抹多種顏色，需要在同一個圖層上色後，再進行操作。

橡皮擦 ◆

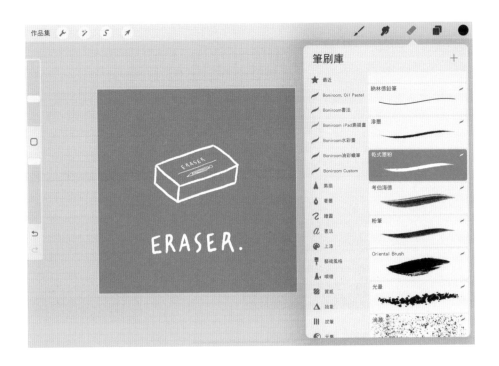

橡皮擦工具用於擦除圖畫。如同筆刷和塗抹工具，當選擇橡皮擦工具〔◆〕時，會出現可選擇的筆刷類別。如果使用第二代Apple Pencil，可以用手指輕點兩次筆尖，即可在橡皮擦和筆刷之間切換。長按橡皮擦工具時，會自動選擇與繪畫相同的筆刷，即是使用「以目前筆刷擦除」的功能。

TIP 欲擦除畫錯的圖時，橡皮擦工具可以使用與筆刷相同的形狀。除了修正功能，也可以在填上背景顏色後，使用不同的筆刷擦除以進行繪畫。

顏色 ●

點擊位於畫面右上角的顏色工具〔●〕時，可以選擇需要的顏色進行繪畫。
顏色共有四種模式（色圈、經典、調和、參數），可以根據自己的喜好進行
選擇，通常經典模式能直觀地選擇顏色，所以如果不熟悉其他顏色模式，可
以使用經典模式。在顏色選擇窗口下方的〔歷史紀錄〕中，會將最近使用的
顏色按順序列出，所以可以輕鬆選擇之前使用過的顏色。

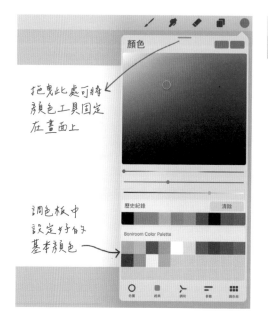

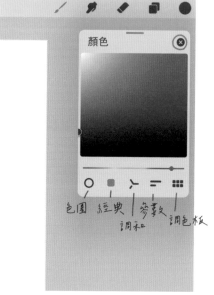

輕鬆選擇色彩

可以將顏色窗口拖曳到所需位置並固定為小視窗，這樣就可以在操作中快速
更換顏色，也不必頻繁地打開顏色工具。當要關閉時，只要點擊右上角的關
閉按鈕〔⊗〕即可。

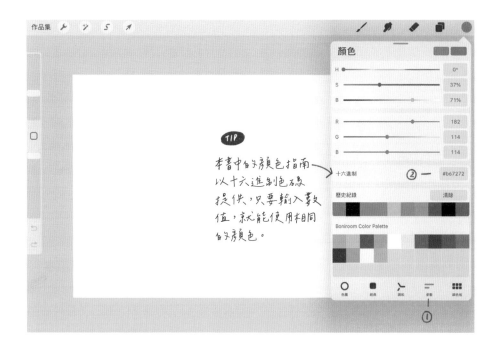

本書中的顏色指南
以十六進制色碼
提供，只要輸入數
值，就能使用相同
的顏色。

利用色碼選擇顏色

在顏色模式中的〔參數〕選項，可以直接輸入十六進制色碼來選擇精確的顏色。本書中的顏色指南也以十六進制色碼提供，所以只要輸入相同的值，即可使用相同顏色進行作業。此外，將顏色窗口拖曳到螢幕上固定，就能更輕鬆使用參數模式來輸入顏色值。

創建顏色調色板

在顏色模式中的〔調色板〕選項，可以自己組合顏色並建立調色板使用。如果經常使用某些特定顏色，可以將其製作成調色板並固定使用。

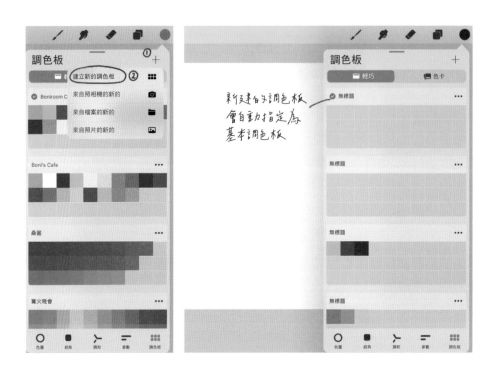

1 點擊調色板窗口右上角的〔+〕按鈕後，選擇〔建立新的調色板〕，新的調色板會立即生成，並自動指定為基本調色板。無論使用哪種顏色模式，該調色板都會顯示在底部。

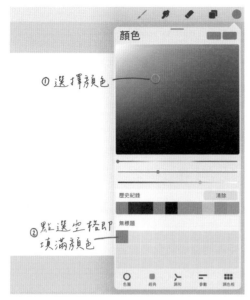

①選擇顏色

②點選空格即填滿顏色

長按顏色即可刪除式調整位置

刪除色樣

2 請將顏色填入新的調色板中。選擇所需的顏色模式後,選擇要增加到調色板中的顏色,接著點擊下方新調色板中的空格,該顏色就會自動填入調色板中。

3 如果想要刪除調色板中的顏色時,可以長按該顏色,再選擇〔刪除色樣〕;如果想要更改位置,則請長按並拖動該顏色,將其移至所需位置。

TIP 將每個檔案所使用的顏色製作成調色板,就可以隨時進行練習。

側邊欄

側邊欄通常與繪圖工具一起使用，可以調整筆刷、橡皮擦大小、透明度等等，還可以執行「還原」與「重做」。側邊欄中間的小方塊〔□〕有選擇圖中顏色的滴管及調整側邊欄位置的功能。

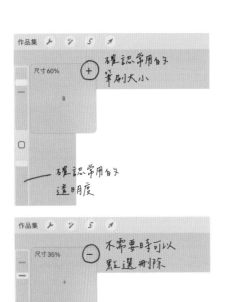

TIP 側邊欄使用的注意事項

- 退出到作品集時，檔案會自動保存，因此無法使用「還原」功能。
- 不建議使用側邊欄的透明度，因為會無法檢查或修改，建議使用圖層的透明度調整功能，方便以數字設定，並進行修改。

可以記錄每種筆刷常用的大小和透明度。調整側邊欄的滑動條，按下〔+〕按鈕，該位置將會出現標記。此標記可在任何執行狀態中，使用對應的筆刷，以便於快速選擇常用的筆刷大小和透明度。每種筆刷可指定的標記數量有限，而且可能因 iPad 型號而有所不同。若不需勾選標記，也可按下該標記並點擊〔-〕按鈕刪除。

TIP 此功能可以針對每種筆刷進行設定。

滴管使用方式

1 使用手指觸碰側邊欄中央的方塊〔□〕，並同時使用畫筆觸碰所需的顏色位置，該顏色將自動被選擇。

2 在按下側邊欄中央的方塊後，在畫面上出現滴管游標時，也可以用一隻手指觸碰所需的顏色位置。

3 用手指長按所需的顏色位置，該顏色也會自動被選擇。

TIP 如果手勢控制不是預設值，而是個人自訂的設置，那麼上述方法可能不適用。手勢控制的使用方法 → 參閱 p.57

TIP 本書中繪製的圖片已設定好大小，並提供了檔案和顏色，所以若使用滴管功能，可以更方便選擇相同的顏色。檔案下載方式 → 參閱 p.78

調整側邊欄位置

在繪圖過程中，有些人的左手會不小心觸碰到畫面，導致更動了不透明度或點擊到還原、重做按鈕的狀況。為了預防這種情形，可以將側邊欄放置在螢幕上方。

1 　觸碰側邊欄中央的方塊〔□〕後，向右滑動，啟用側邊欄位置調整功能。

2 　將側邊欄上下移動，調整到所需的位置。

8

分解圖層

圖層

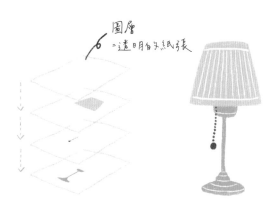

圖層是數位繪畫中，最重要的核心功能，而 Procreate 的圖層數量會根據不同規格而有限制。數位繪圖相較於紙上繪畫，其優勢就是擁有圖層且方便修改。在紙上繪畫時，必須在一張紙上進行所有的素描和上色，所以若需修改相對較困難，需要謹慎繪製。然而，在數位繪製中，可以將圖層比擬為「透明紙」，由於可以使用多個圖層，因此根據素描、輪廓、上色等，可以在不同圖層進行繪製。請務必善加利用數位繪圖的優勢，養成分離圖層的習慣。

TIP 建立新畫布時，可以根據設定的解析度和畫布大小，事先確認可以使用的最大圖層數量。

新增圖層

點擊圖層〔🗐〕可查看已使用的圖層，點擊右側的〔＋〕按鈕可以增加新圖層。

往左滑動進行圖層管理

可以向左滑動圖層，執行〔上鎖〕、〔複製〕、〔刪除〕等操作。

點擊圖層查看功能列表

選擇並點擊圖層，左側將展開列表，提供更多的編輯和應用選項。

隱藏圖層

每個圖層右側都有一個方框〔☑〕，點擊取消勾選，即可暫時隱藏該圖層，再次點擊勾選，即可恢復。

變更順序

若要更改圖層順序，長按圖層並拖曳到所需位置即可。

選擇多重圖層

繪畫時可能需要同時選擇多個圖層,以進行移動或設置群組等操作。在這種情況下,使用「選擇多重圖層」功能,可以更有效地進行。首先選擇一個需要的圖層,然後用一根手指對所需的圖層向右滑動,即可選擇多個圖層。

變更圖層順序

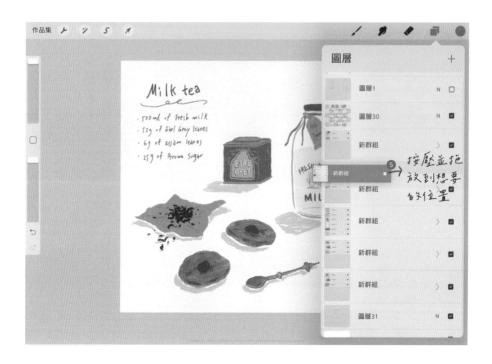

完成圖畫時,務必要整理圖層的順序。可以長按要移動的圖層或群組,然後將其拖放到所需的位置來改變圖層順序。

TIP 多個圖層也可以使用相同的方法來更改順序。

創建圖層群組和變更名稱

在繪畫過程中，可能會創建許多圖層，如果不按素材進行分組整理，會難以快速找到需要的圖層。除了為圖層指定容易識別的名稱外，建議可以將相關圖層分組並命名，就像在電腦中整理資料夾一樣，以便於找尋。

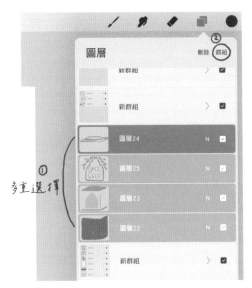
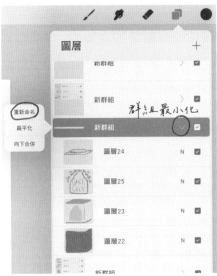

1 　選擇多個要合為一組的圖層後，點擊右上角的〔群組〕按鈕，系統將自動創建一個群組。

2 　當群組創建後，將自動展開並顯示其內容。可以點擊群組名稱右側的箭頭按鈕，進行最小化或最大化群組。

3 　群組名稱預設為「新群組」，可以點擊名稱出現選項，選擇〔重新命名〕並輸入新命名。

TIP 　除了群組外，每個單獨的圖層也可以使用相同的方法更改名稱。

用扁平化功能管理圖層數

「扁平化」是指將多個圖層合併為一個圖層的意思。Procreate 的圖層數量是有限制的,特別是在解析度較高的圖片,或是根據設備的不同,可用的圖層數量可能會更少,因此當可用圖層數量達到限制時,可以使用圖層合併來繼續進行工作,以避免原始圖層受損。

將完成的素材合併在同一圖層
在完成的圖片中,選擇相對簡單的圖層群組並點擊〔扁平化〕,將它們合併為一個圖層。

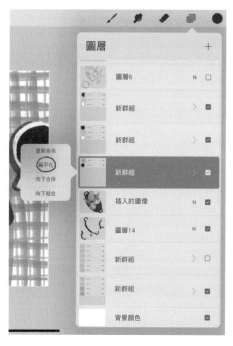

TIP 合併的圖層除了取消操作外無法復原,因此如果在原始檔案中合併圖層,建議只合併相對簡單的圖像元素。

複製檔案後再合併圖層

如果需要修改或重複使用圖片中的元素，建議使用「檔案複製」功能。

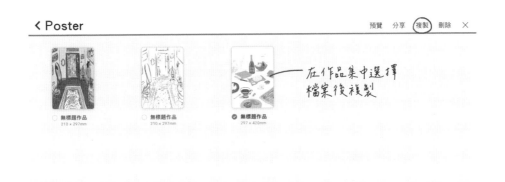

1　回到作品集，選擇正在進行中的檔案進行複製。

2　打開複製的檔案，點擊完成的個別元素，並將其圖層群組選擇〔扁平化〕。

3 如果圖層沒有分組，可以用手指在圖層的開始和結束位置按壓住並合併圖層，這樣多個圖層就會自動合併在一起（合併的圖層數量沒有限制，只要兩根手指可碰觸的範圍內都可以合併）。

TIP 合併多個圖層後，可用於操作的圖層數量將會增加，更方便進行作業。當需要修改合併後的圖片時，如果原始檔案仍在未合併之前的狀態，就可以再次進行修改。

TIP 這是在不損壞原始圖層的情況下，可以完成圖片的方法，但由於會多次複製原始文件，因此建議設定好檔案名稱以區分原始檔案和複製版本。

調整圖層透明度

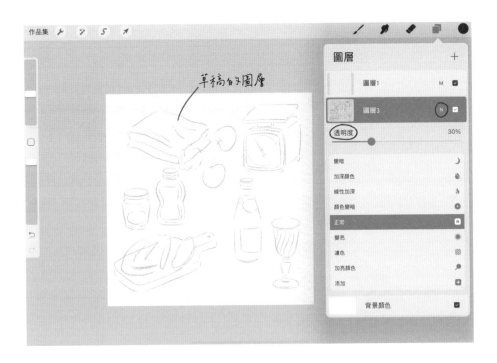

繪製圖畫時，建議使用有輔助線的草稿圖層。在草稿完成後（如果有多個圖層，將其合併為一個圖層），可以按下右側〔N〕按鈕，以此調整透明度數值。草稿透明度數值設得越低（10％以下），上色越方便，也可以根據個人喜好選擇適合的程度。當從照片或文字上進行描繪時，降低圖層透明度也會更方便進行作業。

開關圖層

每個圖層的右側都有勾選框，該勾選框用於控制圖層在畫面上是否呈現，可以自行設置圖層顯示或隱藏。在建立圖層時，預設情況下會是已勾選狀態，如果取消選取，圖層不會被刪除，只會在畫面上隱藏。

TIP 在上色過程中，可以試著關閉或打開草稿圖層，以此檢查完成度。

TIP 進行繪製時，如果某個圖層的用途不明確，可以先取消勾選框，不必將其刪除，以便後續需要再次使用該圖層。

上鎖圖層

將圖層向左滑動，會出現三個圖層管理功能：〔上鎖〕、〔複製〕、〔刪除〕，按下〔上鎖〕按鈕後，該圖層將會被鎖定，此時無論嘗試繪製圖案或執行任何操作，都只會顯示「上鎖圖層選取」的警告訊息。

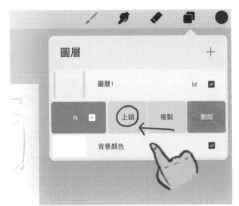 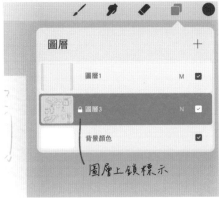

TIP 在繪圖時，如果直接在草稿圖層上色，可能會導致後續進行修改時，需要重新繪製的不便，因此可以在上色前將草稿圖層鎖定，以避免這種情況發生。

嘗試在鎖定的圖層上繪製時，會出現的顯示畫面。

9

上色祕訣

選擇先前使用的顏色

長按螢幕右上角的顏色〔○〕時，可以使用上一次用過的顏色。選擇上一個顏色後，上方會短暫顯示「之前顏色」的文字提示。這個小技巧只能輪流使用上一個顏色和目前顏色這兩種。

之前顏色

按壓
（也可以用
筆點選）

TIP 在上色時，可能會不小心觸摸螢幕而意外啟用滴管功能，這時便可以長按顏色工具，重新使用先前的顏色。如果想要查看更多顏色使用紀錄，可以選擇顏色工具並檢查「歷史紀錄」。

填滿顏色

這是可以一次將背景或形狀填滿顏色的方法。

填滿背景顏色

可以在圖層視窗中，點擊最底部的〔背景顏色〕圖層來設定背景顏色，也可以建立一個新圖層，再將顏色工具長按並拖曳到螢幕上，這麼一來整個畫面就會自動填滿顏色。

填滿形狀顏色

如果想要將所需形狀不留邊緣地連接起來，可以長按顏色工具並將其拖入形狀內部，這樣就可以完全填滿顏色。

色彩快填臨界值

在本書中，像〔6B 鉛筆〕具有質感的筆刷，筆刷本身就存有間隙，所以當使用「填滿顏色」功能時，顏色會從間隙中流失，導致整個畫面都被填滿。

當使用具有質感的筆刷時，可以按照填色功能的使用方法，用筆長按顏色並將其拖入形狀內部，在不放開筆的情況下左右移動，這樣就會在最上方出現「色彩快填臨界值」。你可以調整筆刷，讓顏色填入形狀內部，但因為這是個密集的填色功能，所以在使用有質感的筆刷時，相較於直接手動填色，邊緣和內部填色之間略有差異，可能會稍微不自然。

拖動顏色的狀態下左右移動，調整「色彩快填臨界值」

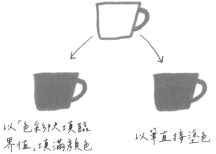

以「色彩快填臨界值」填滿顏色

以筆直接塗色

(10)

管理工具

操作 🔧

①**添加**：可以加入各種檔案、文字，也可以複製或貼上圖層和畫布。

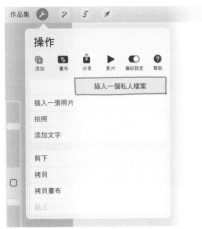

〔插入一個檔案〕、〔插入一張照片〕、〔拍照〕這三個動作，若向左滑動可以進行「私人檔案插入」。舉例來說，點擊「插入一張私人檔案」後載入圖像，該圖像不會顯示在縮時影片中。有時候我們會在圖片上繪畫的情況下，去使用這項功能，這樣插入的圖片不會呈現於縮時錄影中，只會讓我們保留自己繪製的過程。

> **TIP** 在 Procreate 選擇圖層或圖片後，可以使用〔拷貝〕、〔拷貝畫布〕功能，將這些素材貼到其他檔案或軟體中。因此即使不輸出，只要複製圖層或圖畫，就可以直接貼到郵件、聊天軟體、文書軟體等支援圖像的地方。

> **TIP** 運用〔添加文字〕功能，可以使用自己的手寫字體。 → 參閱 p.76

②**畫布**：調整使用中的畫布大小、
　　畫布輔助工具、查看畫布資訊。

頁面輔助

這是可以輔助使用圖層的視圖功能，它將圖層或圖層組合顯示在單獨頁面。
頁面輔助可以像翻書一樣，滑動頁面進行選擇，只有選擇的頁面（圖層或圖
層組合）會在螢幕上顯示，所以頁面輔助只顯示已啟用的圖層，不會看見隱
藏的圖層。這項功能幫助在複雜的圖中，查看需要的元素，並且能夠快速選
擇元素進行修改，方便於製作卡片或繪製漫畫作品。

原版檔案

運用頁面輔助的模樣

參照

這個功能可以顯示目前畫布的整體外觀，以供參考使用。

在需要放大畫面進行作業時，可以使用參照功能，用小視窗來查看整個畫布的狀態。特別是使用螢幕較小的設備、需要將畫布大幅放大時，這個功能可以幫助進行繪製。選擇〔圖像〕後，可以從照片軟體中選取要參考的圖片。

③**分享**：可以將處理過的檔案和圖層，以多種檔案格式分享和保存。

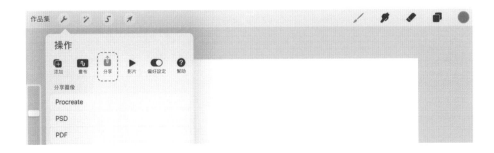

TIP 一起了解如何輸出完成的檔案。→ 參閱 p.63

④**影片**：縮時錄影是透過低速拍攝，並用比實際速度更快的速度顯示的錄影方式。啟用「縮時紀錄」後，所有操作過程將自動記錄。在完成繪製後，點選「匯出縮時影片」就可以把繪製過程保存並分享。

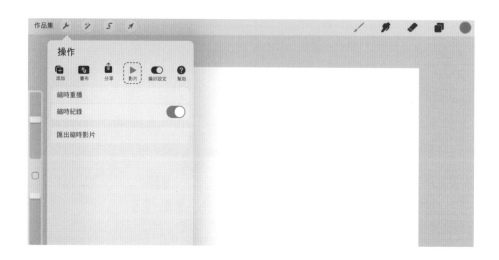

⑤**偏好設定**：可以更改介面顏色，或是根據個人喜好更改手勢操作方式，例如啟用「右側介面」後，側邊欄的位置將移到右側。

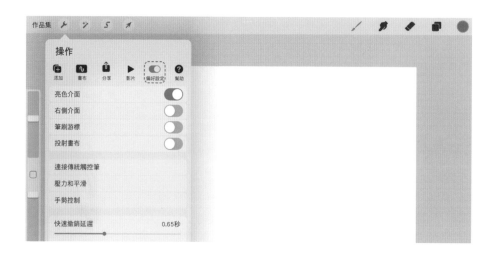

手勢控制

Procreate 提供各種手勢控制，可以像快捷鍵一樣快速使用各種功能。在〔手勢控制〕中可以自行定義喚起這些功能的手勢方式。

1   選擇〔手勢控制〕後，將出現如上圖的畫面，這裡可以自己定義多種工具。以〔圖層選擇〕為例進行更改，將快速選擇圖層功能啟用為「□+Apple Pencil」，再點擊右上角的〔完成〕按鈕。

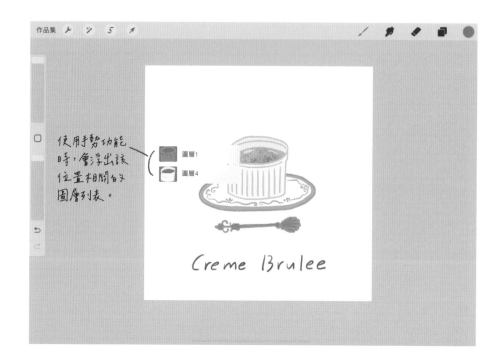

2 點擊側邊欄上的「□」並使用Apple Pencil觸碰螢幕，將顯示與該位置相關的圖層列表，可以輕鬆選擇需要的圖層進行工作。這種手勢功能可以快速選擇所需的圖層，不必再進入圖層窗格，非常方便。其他工具也可以透過各種方式自行定義手勢的使用方式，如果在繪圖過程中遇到任何不便，建議在〔手勢控制〕中更改。

TIP 了解各種隱藏手勢功能，可以讓工作更快速和方便。→ 參閱 p.69

速選功能表

這是類似「捷徑」的選單，可以快速使用常用功能，此功能也可以根據使用者的需求自行設定，相當方便。

1　點擊側邊欄上的「□」圖示開啟並設置，再點擊右上角的〔完成〕按鈕。

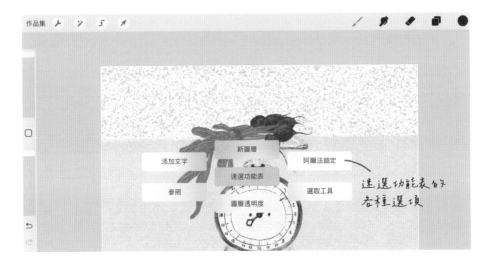

2　在作業環境中，執行所設定的動作後，就會顯示速選功能表，當中有六個不同的功能可做選擇，而這六項功能也可以根據使用者的需求，自行設定成常用的其他選項。

TIP　在螢幕上長按，也會在該位置開啟速選功能表。

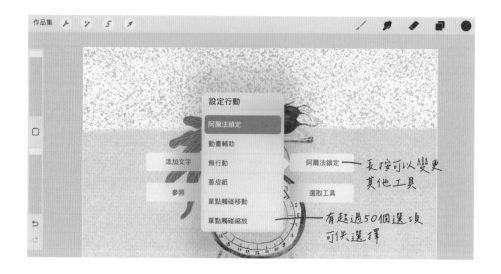

3　長按六個功能中的任一個，將會彈出其他選項清單，可以上下滾動查看超過50個選項。如果在 Procreate 中經常使用某些功能，建議將其設定為速選功能表，以便快速使用。

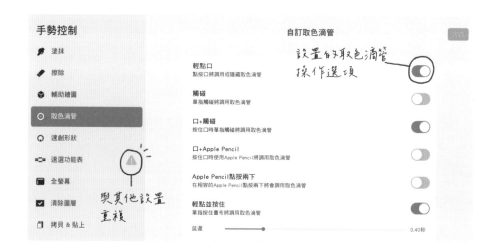

TIP　設定多個手勢控制時，操作可能會重複，例如若將「輕點口」設定為取色滴管工具，那麼會看到速選功能表旁出現警告標記，所以請小心進行設定，注意避免重複。

一般

如果想將自行定義的各種操作恢復為 Procreate 的原始設定，可以按〔手勢控制〕→〔一般〕→〔還原成預設值〕。將操作恢復為預設值時，之前自訂的所有手勢控制將會被重置，所以請謹慎使用。

使用縮時錄影和匯出功能記錄繪製過程

透過〔操作〕→〔影片〕→〔縮時紀錄〕，所有的作業過程將自動以縮時影片的形式錄製下來。按下〔縮時重播〕，可以快速播放繪畫開始到結束的所有過程；按下〔匯出縮時影片〕，可以將影片儲存或傳送至其他軟體。繪製作品的過程以縮時錄影的形式記錄下來，可以作為工作日誌分享到個人社交媒體上。

TIP 縮時影片的畫質和品質，可以在創建畫布時的〔縮時設定〕中選擇。

TIP 一起觀賞我在繪製作品時的縮時錄影吧！

檔案匯出

完成的畫作可以用不同的檔案格式匯出並儲存到各個位置，大家可以選擇自己想要的檔案格式來儲存、上傳。

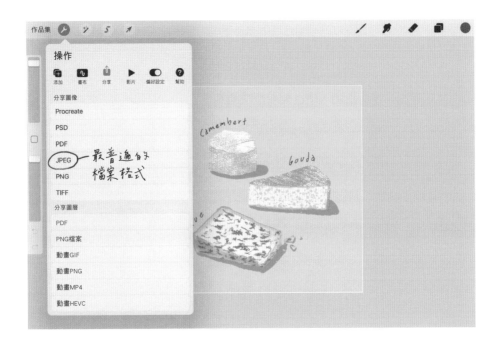

1　在〔操作〕→〔分享〕→〔分享圖像〕中，選擇想要的檔案格式。

Procreate
可以與他人共享原始檔案。如果對方也有使用 Procreate，就可以直接接收並查看原始檔案。

PSD
這種格式與 Photoshop 兼容，可以保留創建的圖層，並接續利用 Photoshop 的各種編輯功能。

PDF

這是最常用的文件檔案格式。它以原樣保存，具有較低的損壞風險，因此在印刷行業中，通常都會使用 PDF 格式進行。

JPEG

這是最常用的圖像檔案格式，但由於圖像壓縮，可能會導致圖像品質降低。

PNG

這是無損畫質的圖像格式，也可以保留透明背景，因此在處理圖標、圖示或標誌時，非常適合使用。

TIFF

這是無損畫質的圖像格式，可以保留每個圖層。

2　選擇希望的檔案格式後，可以看到如上圖的畫面顯示。我們可以透過設備上的程式進行匯出，或是按下底部的〔儲存影像〕按鈕，就能將圖片存到 iPad 相簿檔案夾中。

調整 ✨

可以調整圖層的顏色和各種視覺效果。

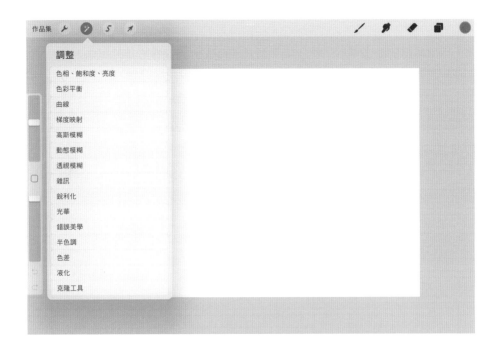

TIP 詳細了解〔色相、飽和度、亮度〕的使用方法。→ 參閱 p.252

TIP 調整〔✨〕、選取〔⌁〕、移動〔↗〕等工具使用後,要再次點擊該工具按鈕或選單上的按鈕才能取消工具。

選取 ∫

這是選擇圖層中所需部分區域的功能。

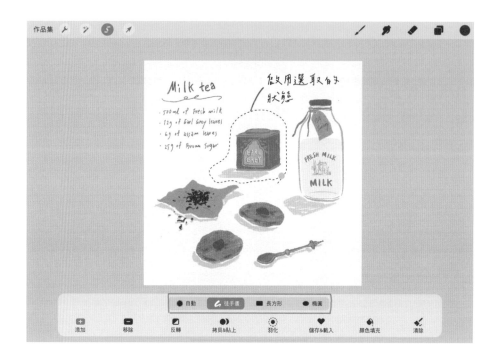

自動
使用畫筆在畫面中選擇所需部分,並依相似的顏色進行調整。

徒手畫
使用繪製線條的方式,將所需部分的範圍圈在一起來進行選擇。需要將起始點和結束點連接起來,才能形成完整的形狀,所以在結束選取形狀時,需要再次點擊起始點的控制點。

長方形
使用長方形來選擇範圍的方法。

橢圓
使用圓形來選擇範圍的方法。

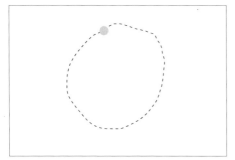

形狀未完全連接的狀態

形狀完全連接，接點變為藍色

選取工具的共同功能

〔**添加**〕可持續增加選擇區域。

〔**移除**〕啟用後可以重新指定範圍，取消先前選擇的區域。

〔**反轉**〕選擇所需形狀後，反轉功能可以選擇該範圍以外的區域。

〔**拷貝＆貼上**〕可將選擇區域複製到新的圖層中。

〔**顏色填充**〕啟用後會自動填滿所選區域的顏色。在選擇的狀態下，可以點擊顏色工具更改顏色。

〔**清除**〕取消所選擇的區域。

TIP 選取工具和調整工具一樣，在完成操作後需要再次點擊該工具按鈕才能取消工具。

移動 ↗

使用移動工具將指定區域調整大小、旋轉和移動。

> **TIP** 點擊下方的〔對齊〕，啟用「磁性」和「對齊」功能，可便於調整大小和旋轉時對齊其他元素的位置。但若是需要進行細微的調整，建議停用此功能。

> **TIP** 由於點陣圖在放大、縮小或旋轉時，圖像可能會失真並降低解析度，因此最好不要旋轉或調整已完成的圖像大小，但移動位置不會導致圖像失真。

> **TIP** 移動物體時，為確保不會意外調整大小，可以點擊選擇框的內部或外部進行移動。

自由形式
按照自由比例調整大小。

均勻
按照相同的比例調整大小。

扭曲
透過移動選擇框的藍點自由扭曲圖像。

翹曲
使用選擇框的網格基準點，以曲線的方式扭轉圖像。

練習實作功能

隱藏手勢功能

Procreate中除了工具列和基本功能外，還有隱藏的手勢動作。這些手勢可以
透過手指操作來使用，就像電腦的快捷鍵一樣。若能熟記並掌握這些手勢，
就能更輕鬆、更快速地使用各種不同的功能。

一根手指

· 使用一根手指可以進行的基本動作，如選擇圖層、左右滑動、拖放等。
· 在圖上長按所需的顏色，可以啟用滴管工具。
· 繪製圖形後，用一根手指觸摸螢幕，可繪製均勻比例的圖形。
· 繪製直線後，用一根手指觸摸螢幕，可以將直線進行旋轉。

觸碰　　　　長按　　　　左右滑動

兩根手指

· 向右滑動圖層可以執行〔啟用〕、〔停用〕、〔上鎖〕。
· 將兩個或更多圖層上下移動並合併。
· 移動、旋轉和縮放畫面。
· 點擊畫面可以執行還原、長按畫面可以快速還原。

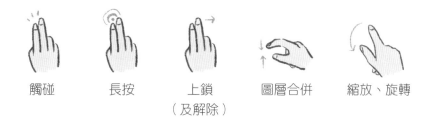

觸碰　　　　長按　　　　上鎖　　　圖層合併　　縮放、旋轉
　　　　　　　　　　　（及解除）

三根手指

- 點擊畫面可以執行重做、長按畫面可以快速重做。
- 向下滑動進行複製和貼上。
- 左右滑動畫面來清除該圖層（並非刪除圖層，而是清除一個繪圖動作）。

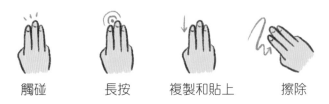

觸碰　　　　長按　　　複製和貼上　　　擦除

四根手指

- 點擊畫面以隱藏或顯示工具列。

隱藏工具

臨時變更背景顏色

如果要繪製白色的圖案，在進行作業之前，建議背景顏色暫時更改為與白色有所區分的淡色，這樣能幫助繪圖更加方便。在圖層視窗中，選擇〔背景顏色〕，接著在彈出的顏色視窗中進行更改。

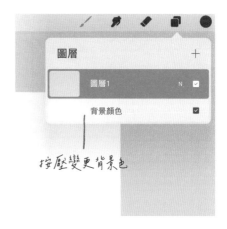

按壓變更背景色

阿爾法鎖定

阿爾法鎖定是在為形狀增加圖案或紋路時，非常有用的功能。啟用阿爾法鎖定功能後，只能在已啟用的圖層繪製或上色，其他區域將被禁用，無法繪製任何內容，而且只有「有繪製圖案的部分」會被啟用，同圖層的其他區域仍無法繪製。

啟用阿爾法鎖定

· 點擊圖層時，在彈出的選單中選擇「阿爾法鎖定」。
· 使用雙指將圖層向右滑動。

在已啟用阿爾法鎖定的圖層上，再次點選圖層彈出選單中的「阿爾法鎖定」，阿爾法鎖定將被解除。進行繪製時，可以根據需要反覆進行設定或解除。

利用阿爾法鎖定功能繪製可頌

1 開啟新畫布,使用〔6B鉛筆〕筆刷,用棕色繪製可頌的輪廓。

2 填滿可頌的內部。以模擬填色的方式進行,可以使用連續的線條繪製,表現出層次感,而且不需要填得非常濃密。

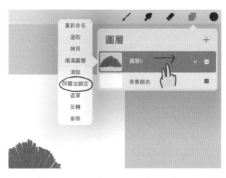

3 使用相同的方式填色其餘部分,保留層次感。

4 打開圖層窗格,點選〔阿爾法鎖定〕。

執行阿爾法鎖定時的模樣(格子狀)

5 使用〔考伯海德〕筆刷以及點選深棕色,塗在可頌上,增添漂亮烤色。此筆刷有層次感,只需繪製一次即可。

6 加上文字,就可以完成一張可愛的迷你卡片。

剪切遮罩

阿爾法鎖定功能只能在同一圖層內進行，因此較難針對圖像和質感單獨修改。〔剪切遮罩〕擁有在同一圖像上分割圖層進行的功能，所以可以彌補阿爾法鎖定的缺點。不妨將這兩種功能視為如同針和線一樣相互配合的功能，建議務必要熟悉。

使用剪切遮罩的方法

在圖像圖層上使用〔阿爾法鎖定〕後，直接在上方新增一個新圖層，接著在圖層選單中選擇〔剪切遮罩〕，新增的圖層就會和下方使用阿爾法鎖定的圖層屬性相同，並且可以持續新增圖層、用相同的剪切遮罩。當圖層縮圖的左側出現向下的箭頭〔⌐〕時，表示剪切遮罩已被啟用。

利用剪切遮罩功能修飾可頌

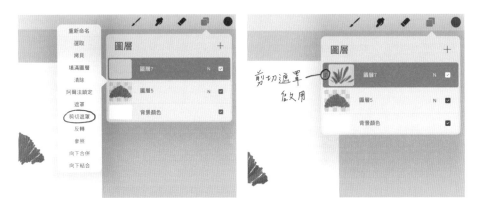

1 在已上色的可頌圖案上使用〔阿爾法鎖定〕，接著在上方新增一個新圖層，並使用〔剪切遮罩〕。

2 在〔剪切遮罩〕圖層上使用〔考伯海德〕筆刷增加線條質感。繪製線條的圖層與上色圖層分離，兩者使用不同的顏色和筆刷，可方便修改。

應用圖層透明度

圖層透明度較常使用在草稿圖層，但若在繪畫時善用它，可以達到更豐富多彩的表現。圖層透明度尤其適合用來表現質感較輕的圖層或半透明材質。筆刷透明度於繪畫後無法修改，可能會有些不便；圖層透明度則可以隨時調整，並能準確查看透明度數值。

調整圖層透明度繪製格紋

1　打開新畫布，設定喜歡的背景顏色。使用筆刷繪製水平線，接著新增圖層並畫出垂直線，以此形成格紋。

2　新增圖層，更改筆刷大小和顏色，再次在格紋間繪製水平線，然後再新增一個圖層，畫出垂直線，形成另一種格紋。

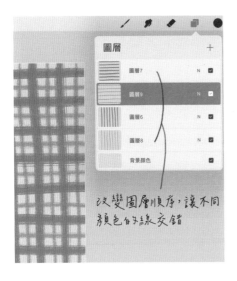

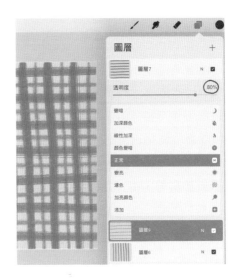

3 調整圖層順序，讓兩種不同顏色的線相互交錯。

4 在圖層窗格中，按下〔N〕按鈕，將四個圖層的透明度調整為80％。

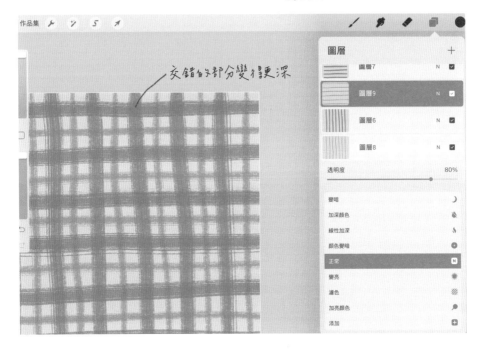

5 線條變得半透明，而不同顏色的線相互交錯的部分變得更深，自然呈現格紋。

用添加文字功能，寫出漂亮的手寫字

點選操作選項中的添加文字功能後，輸入文字，再新增一個圖層在上方，按照畫布上的文字進行書寫，這樣就能完成漂亮的手寫字。如果想繪製手工感的圖畫，便可以使用這個方式與圖畫搭配。

用添加文字功能營造英文手寫字的感覺

1　打開新畫布，選擇〔操作〕→〔添加〕→〔添加文字〕。

2　輸入文字後點擊底部的〔Aa〕按鈕，會彈出方框，可以更改文字的大小和字體。

3 選擇全部文字，調整成想要的大小、字體和效果。調整完成後，點擊空白處可以結束輸入。（如果需要進一步編輯，請點擊該圖層並選擇〔編輯文字〕）

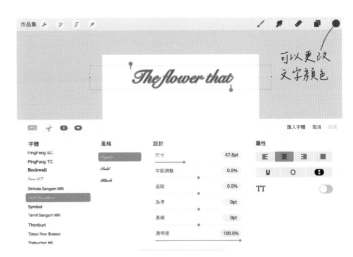

4 將文字圖層的透明度調低，當作素描圖層，然後再增加一個新圖層。

5 選擇想要的筆刷形狀和顏色，在新圖層上按照文字軌跡寫下字母（此圖使用〔6B 鉛筆〕）。另外，背景顏色可以自行選擇，也能增加線條裝飾。

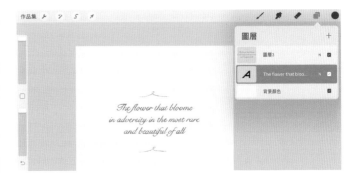

TIP 如果要像英文草書一樣表現出線條粗細，則可以透過練習筆壓來調整。

Column
準備繪畫檔案

請使用iPad掃描QR Code，下載本書中所有的草圖檔案、紙質圖、油蠟筆質感圖和筆刷檔案。

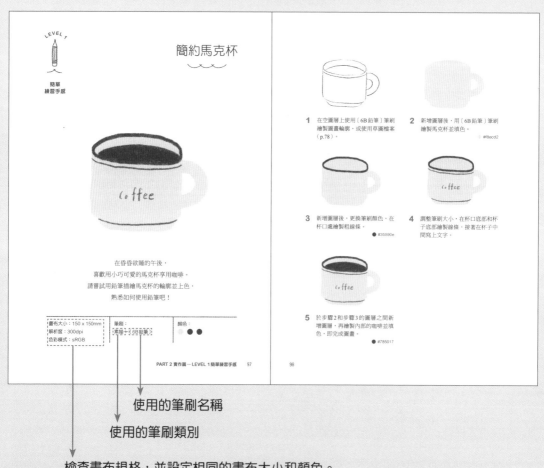

使用的筆刷名稱

使用的筆刷類別

檢查畫布規格，並設定相同的畫布大小和顏色。

使用檔案的方法

- 從提供的QR Code（p.78）中，前往資料夾，找到要使用的檔案並執行〔下載→開啟→Procreate〕。
- 預備好的圖層應調整透明度為10-20％，才不會造成混淆，作業起來也會更順利。
- 調整過透明度的圖層應置於圖層列表的上方，繪畫時就能輕鬆使用。
- 為防止圖層被覆蓋，請將圖層向左滑動，設置〔上鎖〕後再進行作業。

提供的檔案清單

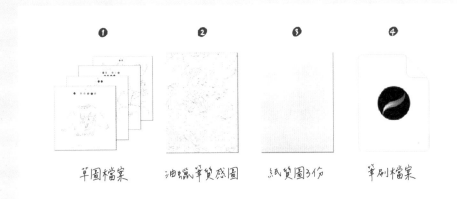

❶ 草圖檔案　　❷ 油蠟筆質感圖　　❸ 紙質圖3份　　❹ 筆刷檔案

使用索引頁面

- 參考本書的索引（p.255），可以輕鬆找到容易混淆的功能，方便再次學習。

PART

2

實作篇

WARMING UP！跟著畫

在正式開始畫畫之前，先熟悉如何用筆吧！
先嘗試畫出形狀和線條，並進行上色練習，
有助於更快掌握電繪手感。

練習用筆刷畫出線條

第一次使用電繪筆時，會感到有些不熟悉，無法順利畫出完美線條。雖然扭曲的線條和粗糙的上色別有一番特色，但在開始之前，仍務必練習繪製各種線條和形狀，以提升用筆的控制能力。

1   建立想要的尺寸和顏色模式的畫布（參閱p.17）。此處使用畫布大小 150 x 150mm、300dpi、顏色模式為sRGB進行操作。

2   選擇本書經常使用的〔6B鉛筆〕筆刷，並以需要的顏色和筆刷大小繪製線條。

3   嘗試繪製直線、曲線、各種形狀等，也可嘗試使用其他筆刷練習。

練習上色1：番茄

有沒有比較熟悉繪製線條和形狀了呢？現在我們來嘗試畫出各種蔬菜，透過不同元素來練習用筆。接下來，先畫形狀簡單的番茄。

畫布大小：150 x 150mm 解析度：300dpi 色彩模式：sRGB	筆刷： 有機→〔竹〕	顏色： ● ●

1 建立指定大小的畫布。使用〔竹〕筆刷在畫布的右側繪製一個大番茄的輪廓。

● #d74419

2 將番茄內部填滿顏色。

3 新增圖層，繪製星形蒂頭。如果在番茄上色圖層之下新增圖層，可能導致圖案無法顯示，所以務必確認圖層的順序和結構。

● #459639

4 新增圖層，於左側繪製一個稍小的番茄輪廓並上色。

● #d74419

5 新增圖層，使用較細的線條繪製星形蒂頭，這樣就完成兩個大小不同的番茄。

● #459639

練習上色2：菇類

練習繪製線條形狀與上色，並養成整理圖層順序的習慣。

畫布大小：150 x 150mm 解析度：300dpi 色彩模式：sRGB	筆刷： 有機→〔竹〕	顏色： ● ○

1　建立指定大小的畫布，使用〔竹〕筆刷嘗試繪製不同大小的菇傘輪廓。

● #aa6a29

TIP　可以繪製稍圓的三角形表現出自然感。

2　將菇傘內部填滿顏色。

3　新增圖層，從每個菇傘的中心開始繪製菇柄，並讓所有菇柄匯集在一處。

TIP　以曲線取代直線來表現。

○ #f8ecc0

4　修正線條，使菇柄越往下越粗。

5　整理圖層，將菇傘的圖層置於最上方即完成繪圖。

練習上色3：甜椒

練習畫出甜椒的獨特凹凸曲線並上色。

畫布大小：150 x 150mm 解析度：300dpi 色彩模式：sRGB	筆刷： 有機→〔竹〕	顏色： ● ●

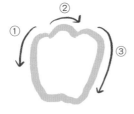

1 建立指定大小的畫布。使用〔竹〕筆刷繪製甜椒的外輪廓。

TIP 跟著彎曲部分來劃分線條會更好畫。

　　● #e3c200

2 將甜椒內部填滿顏色。

3 新增圖層，在甜椒上方繪製星形的蒂頭底部。

　　● #77a90f

4 將蒂頭星形內部填滿顏色。

5 由蒂頭底部往上畫出越來越窄的蒂頭，即完成甜椒。

練習上色4：甜菜根

這次我們將使用三種顏色來繪畫，並嘗試更多不同的形狀、線條和上色。

畫布大小：150 x 150mm 解析度：300dpi 色彩模式：sRGB	筆刷： 有機→〔竹〕	顏色：

1 建立指定大小的畫布，使用〔竹〕筆刷繪製甜菜根並上色。

● #9d1f36

2 新增圖層，將筆刷調小，畫出幾條水平的橫線，每邊約2-3條。

● #660c1c

3 新增圖層，繪製不同高度的莖。

● #9d1f36

4 新增圖層，以莖為中心繪製出有波浪葉緣的葉子輪廓並上色。

● #77a90f

5 整理圖層順序，讓葉子圖層在莖圖層的下方。用相同方法繪製其他葉子並上色，即完成甜菜根。

練習上色5：紅蘿蔔

與番茄、甜菜根相比，胡蘿蔔的形狀更加不規則，因此需要以粗糙的線條繪製，以展現實物感。在繪製不同形狀並上色後，可以使用線條來完成細節。

畫布大小：150 x 150mm 解析度：300dpi 色彩模式：sRGB	筆刷： 有機→〔竹〕	顏色：

1 建立指定大小的畫布，使用〔竹〕筆刷繪製出逐漸變細的紅蘿蔔並上色。
● #f28500

2 新增圖層，繪製橫向線條，增加質感，並以不規則的長度和間隔做出自然感。
● #c66d00

3 在紅蘿蔔圖層下方新增圖層，繪製葉子莖部。
● #629002

4 在葉子莖部的一側繪製短斜線，形成葉子。

5 以相同方法在另一側繪製，呈現出葉子朝兩側生長。

6 以相同方法繪製其他葉子，即完成紅蘿蔔。

善用已完成的圖案

我們可以練習如何使用已完成的圖案和其他功能，繪製出另一幅截然不同的圖畫。

TIP 為避免破壞原始檔案，建議先〔選取〕要使用的檔案並〔複製〕，以副本進行編輯。

畫布大小：220 x 220mm 解析度：300dpi 色彩模式：sRGB	筆刷： 素描→〔6B鉛筆〕	顏色：

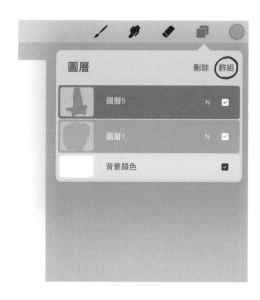

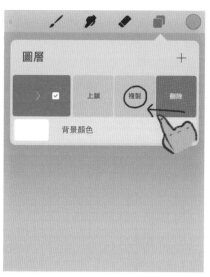

1 建立指定大小的畫布後，從作品集中開啟先前繪製的甜椒檔案，並選擇所有圖層。

2 將所選圖層進行〔群組〕。

3 將組合的圖層向左滑動並進行〔複製〕。

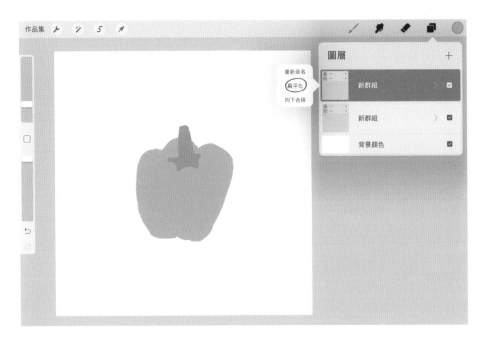

4 在兩個相同的組合圖層中，選擇一個圖層進行〔扁平化〕。

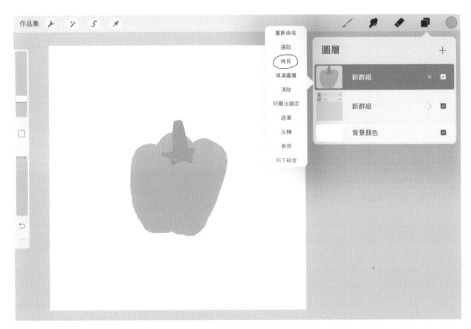

5 選擇合併的圖層，進行〔拷貝〕。

6　返回先前建立的畫布，選擇〔操作〕→〔添加〕→〔貼上〕，複製的圖
　　層會新增到新畫布中。

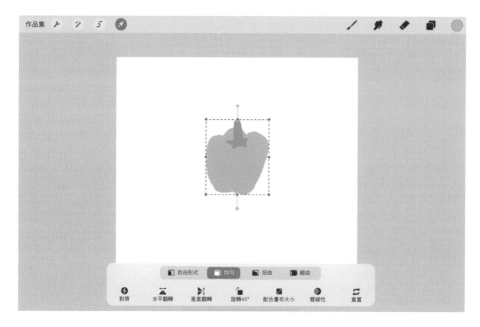

7　複製的圖層會自動啟用移動工具，調整所需的位置、大小和方向，並將
　　圖案放置於畫布中。

8　以相同方法複製其他蔬菜圖案，將它們放置在新畫布中。

9　新增圖層，並使用〔6B鉛筆〕筆刷在每個蔬菜旁寫上名稱，就完成以
　　蔬菜圖案創作的新圖畫。

● #352b22

有外框線圖案的上色法

請以本書提供的草圖檔案（p.78）作為圖畫輪廓，來練習細節上色及配色。
可以在每個人偏好的色彩模式中組合各種不同顏色，並進行調色練習。

畫布大小：150 x 150mm 解析度：300dpi 色彩模式：sRGB	筆刷： 素描→〔6B 鉛筆〕	顏色： ● ● ● ● ● ● ● ● ●

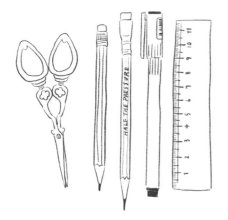 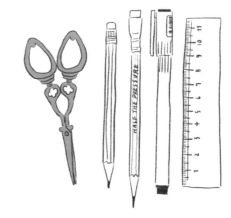

1 打開本書提供的草圖檔案。不用調整素描輪廓的透明度，直接使用即可。

TIP 將新增圖層放置在輪廓圖層的下方，再進行上色。

2 新增圖層後，使用〔6B 鉛筆〕筆刷將剪刀上色。

TIP 避免填充太滿，才能展現〔6B 鉛筆〕筆刷的粗糙紋理。

● #d7ab58

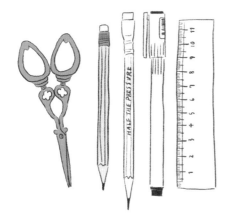

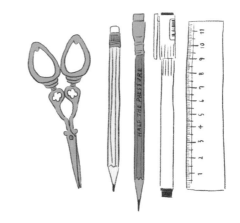

3 新增圖層後，將第一支鉛筆的「橡皮擦－鐵裝飾－筆桿」三個部分進行上色。可以在同個圖層上進行作業，或者根據需求將圖層分開作業。

#f0f0f0 ● #979797 〰 #f2e4c6

4 新增圖層後，將第二支鉛筆的「橡皮擦－鐵裝飾－筆桿」三個部分進行上色。

● #e9a58a ● #448742 ● #d2a46c

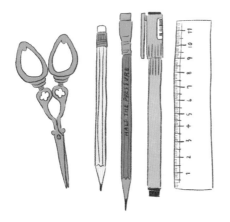

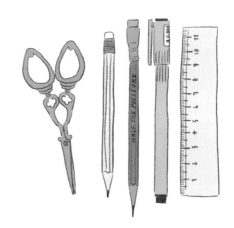

5 新增圖層，將原子筆上色。

● #cac0b4

6 新增圖層，將尺上色。

〰 #e5e5e5

沒有外框線圖案的上色法

接下來練習以無輪廓的方式完成圖畫。上色時需特別注意外部輪廓，且要比繪製有輪廓的圖案時更加細緻，或直接繪製細節線條來完成圖畫。

畫布大小：150 x 150mm 解析度：300dpi 色彩模式：sRGB	筆刷： 素描→〔6B 鉛筆〕	顏色： 試著使用不同的顏色來 上色吧！

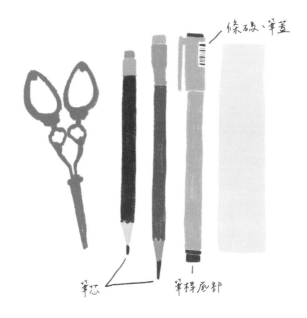

條碼、筆蓋

筆芯　　筆桿底部

1　打開本書提供的草圖檔案（p.78），進行準備工作（調整素描圖層的透明度、將素描圖層置於頂層、鎖定素描圖層）（p.79）。接著像先前的圖畫一樣，將每個元素分成不同圖層，用所需的顏色進行上色。

TIP　此圖畫僅使用素描圖層繪製，不使用輪廓線條，因此請參考素描圖層後，自行繪製鉛筆芯，原子筆也需額外繪製筆桿底部、條碼和筆蓋等部分。

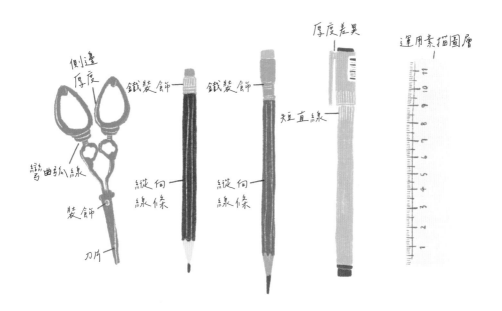

2　為每個物品元素創建〔群組〕並整理圖層，接著為每個元素新增圖層，用白色筆刷繪製線條。繪製時，不需使用其他色調來表現立體感、裝飾和形狀邊界，使用白色線條即可輕鬆呈現。

剪刀
繪製素描圖層中的內部線條。僅使用白色線條繪製剪刀的厚度、凸凹不平的部分和裝飾，就可以表現立體感。

鉛筆
繪製筆桿的縱向線條以及鐵裝飾圖案，即可呈現細節。

原子筆
以白色線條表現筆蓋頂部和側面連接處的厚度差異，並加上紋理。

尺
複製素描圖層後，用橡皮擦去除尺的輪廓線和其他物品的素描線，這樣能重複使用內部細節，不必重新繪製。

LEVEL 1
簡單練習手感

用簡單的形狀和顏色就能完成可愛圖畫，
試著練習用鉛筆繪製形狀並上色，
一起帶著自信開始吧！

簡約馬克杯

coffee

在昏昏欲睡的午後，
喜歡用小巧可愛的馬克杯享用咖啡。
請嘗試用鉛筆描繪馬克杯的輪廓並上色，
熟悉如何使用鉛筆吧！

畫布大小：150 x 150mm	筆刷：	顏色：
解析度：300dpi	素描→〔6B鉛筆〕	
色彩模式：sRGB		

1 在空圖層上使用〔6B鉛筆〕筆刷繪製圖畫輪廓，或使用草圖檔案（p.78）。

2 新增圖層後，用〔6B鉛筆〕筆刷繪製馬克杯並填色。

〰 #f8ecd2

3 新增圖層後，更換筆刷顏色，在杯口處繪製粗線條。

● #35590e

4 調整筆刷大小，在杯口底部和杯子底部繪製線條，接著在杯子中間寫上文字。

5 於步驟2和步驟3的圖層之間新增圖層，再繪製內部的咖啡並填色，即完成圖畫。

● #785017

LEVEL 1

**簡單
練習手感**

復古檯燈

漂亮的新產品雖然很好，但充滿懷舊感的物品也總能吸引目光。
在這幅圖畫中，我們可以透過簡單的上色和白色線條
來表現物品的形狀和紋理。

畫布大小：150 x 150mm	筆刷：	顏色：
解析度：300dpi	素描→〔6B鉛筆〕	
色彩模式：sRGB		

1 在空圖層上使用〔6B鉛筆〕筆刷繪製圖畫輪廓，或使用草圖檔案（p.78）。

2 新增圖層後，使用〔6B鉛筆〕筆刷繪製燈罩並填色。

● #dbcea5

3 新增圖層後，繪製燈架的部分並填色。

● #d3ad32

4 新增圖層後，以不同大小的圓圈間隔地繪製燈線。

● #614b19

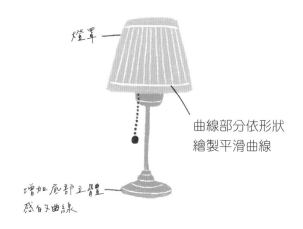

燈罩

曲線部分依形狀
繪製平滑曲線

增加底部立體
感的曲線

5　新增圖層後，使用線條來表現燈
　　罩的細節和燈架的立體感，即完
　　成圖畫。

　　　　　　　　　　○ #ffffff

TIP　完成圖書後整理圖層

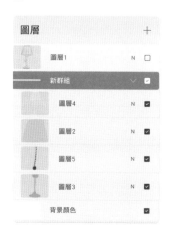

為避免圖畫出現不自然
感，請在完成後仔細檢
查圖層順序。

好吃荷包蛋

在懶得準備早餐的日子，只要有熱騰騰的煎蛋就讓人滿足！
在這幅圖畫中，使用的粉筆和乾式墨粉筆刷，與6B鉛筆筆刷一樣，
只要調整筆刷大小，就可以運用於素描、上色等各種操作。

		顏色：
畫布大小：150 x 150mm	筆刷：	⬤ ⬤ ◯ ⬤ ⬤ ⬤
解析度：300dpi	素描→〔6B鉛筆〕	
色彩模式：sRGB	書法→〔粉筆〕	
	著墨→〔乾式墨粉〕	

1　在空圖層上使用〔6B鉛筆〕筆刷繪製圖畫輪廓，或使用草圖檔案（p.78）。

2　新增圖層後，使用〔乾式墨粉〕筆刷繪製平底鍋內部並填色，呈橢圓形。

● #808080

3　新增圖層後，調整筆刷大小，繪製平底鍋的外圍和表面並填色。

● #3d3d3d

4　新增圖層後，繪製平底鍋的手把並填色。

● #a96717

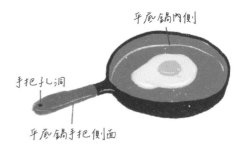

平底鍋內側

手把扎洞

平底鍋手把側面

5 新增圖層後，切換〔粉筆〕筆刷，繪製荷包蛋。蛋白和蛋黃的形狀簡單，可在同個圖層上繪製。

#f8f2e0　#ffc926

6 新增圖層後，繪製白色線條，表現平底鍋的形狀和荷包蛋的光澤，並使用黑色筆刷繪製手把的孔洞。

○ #ffffff　● #3d3d3d

7 新增圖層後，繪製叉子，即完成圖畫。

● #808080

LEVEL 1

簡單
練習手感

質感木刷

柔軟而堅固的木刷既適合除塵，也是室內裝飾的理想選擇。
在這幅圖畫中，我們將學習如何結合曲線和直線
來表現每個元素的特點。

畫布大小：150 x 150mm	筆刷：	顏色：
解析度：300dpi	素描→〔6B 鉛筆〕	
色彩模式：sRGB	著墨→〔乾式墨粉〕	

1 　在空圖層上使用〔6B鉛筆〕筆刷繪製圖畫輪廓，或使用草圖檔案（p.78）。

2 　新增圖層後，使用〔乾式墨粉〕筆刷繪製刷毛並填色。

⬤ #dbcea5

使用直線繪製刷毛的側面，以及使用曲線繪製凹凸不平的斷面，即可表現出柔軟的刷毛質感。

3 　在步驟2的圖層下新增圖層，繪製木製手柄並填色。

⬤ #8c5717

4 　新增圖層後，使用深棕色的〔6B鉛筆〕筆刷繪製手柄孔洞，接著繪製白色線條，表現出木刷的立體感和細節，即完成圖畫。

⬤ #5c4412 　◯ #ffffff

LEVEL 1

簡單
練習手感

優雅珍珠項鍊

珍珠項鍊擁有迷人的優雅魅力,

而且不受流行趨勢的影響,是歷久不衰的經典款。

請嘗試畫出珍珠項鍊,並用線條來表現物體的陰影。

畫布大小:150 x 150mm 解析度:300dpi 色彩模式:sRGB	筆刷: 素描→〔6B鉛筆〕	顏色: ○ ● ● ●

1 在空圖層上使用〔6B 鉛筆〕筆刷繪製圖畫輪廓，
或使用草圖檔案（p.78）。

2 點擊〔背景顏色〕圖層更改顏色。新增圖層後，
使用〔6B 鉛筆〕筆刷繪製珍珠並填色。

 #ffffff

TIP

珍珠不需要畫出
完美圓形，不規則形狀也能
展現出自然手工感。

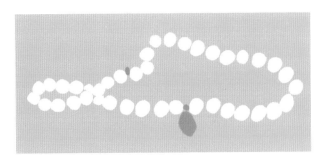

3 新增圖層後，繪製項鍊的飾品和連接環。

● #cba658

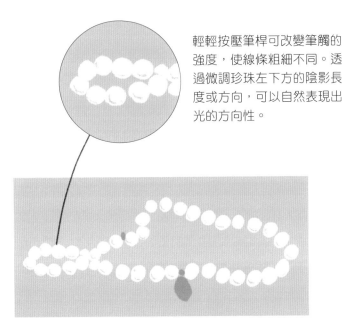

輕輕按壓筆桿可改變筆觸的
強度，使線條粗細不同。透
過微調珍珠左下方的陰影長
度或方向，可以自然表現出
光的方向性。

4 新增圖層後，使用線條來表現珍珠的陰影。

● #b1b2b3

5 新增圖層後，處理飾品和連接環的陰影。此處
和珍珠一樣強調左下方，能讓陰影看起來更自
然、統一。

● #ad842c

6 新增圖層後，在飾品和連接環上加入閃爍效果，
即完成作品。飾品部分可以沿著輪廓線繪製，
連接環等小部分則可用點的方式繪製，這樣不
僅表現出陰影，還能描繪出光線的反射亮點。

○ #ffffff

簡單
練習手感

知性書籍

書本就像是能夠一窺內心和興趣的小窗戶。

看看堆積在房間一角的那些書，是否能看出你的品味呢？

在繪製具有立體感的物品時，

請嘗試整理圖層順序，以更高效的方式進行練習。

畫布大小：150 x 150mm	筆刷：	顏色：
解析度：300dpi	素描→〔6B 鉛筆〕	
色彩模式：sRGB		

TIP

處理好書籍內頁與
封面的邊界，新增
內頁圖層時就不用
擔心形狀。

1 在空圖層上使用〔6B鉛筆〕筆刷繪製圖畫輪廓，或使用草圖檔案（p.78）。

2 新增圖層後，使用〔6B鉛筆〕筆刷繪製底部書籍封面並填色。

● #d3ad32

3 在步驟2的圖層下方新增圖層，繪製書籍內頁並填色。

● #e3d2bf

4 新增圖層後，繪製第二本書籍封面並填色。

● #45560d

5 如同步驟3，在步驟4的圖層下方新增圖層後，繪製書籍內頁並填色。

● #e3d2bf

6 新增圖層後，以相同方式繪製最上方書籍的封面和內頁。

● #fdf5dd ● #e3d2bf

7 新增圖層後，在書口不均勻地繪製不同長度的線條，表現出紙張重疊的效果。

○ #ffffff

8 新增圖層後，使用線條來描繪書背的弧度和封面的厚度。使用白色繪製深色書籍，使用淺灰色繪製淺色書籍，即完成作品。

○ #ffffff ● #b1b3b3

TIP 將每本書籍的書衣圖層對齊在內頁圖層上方

將書衣圖層排列在內頁圖層之上，內頁圖層就會被遮蔽，如此一來能更輕鬆進行繪製。

每本書籍的書衣圖層排列在內頁圖層之上

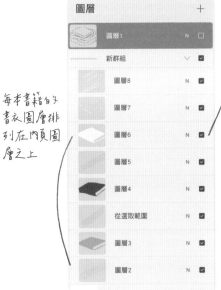

將堆積的書籍填上不同顏色，並在書背和封面加入書名、圖案等細節表現。

簡單
練習手感

百搭奶油

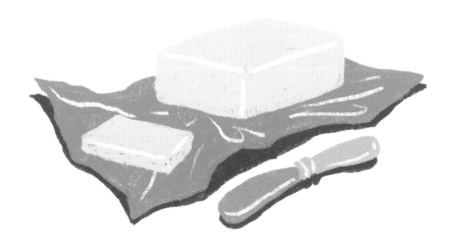

奶油是令人愛不釋手的食材，甚至能融化掉卡路里的罪惡感！
在這幅圖畫中，可以練習使用線條來表現每個元素的立體感。

畫布大小：150 x 150mm	筆刷：	顏色：
解析度：300dpi	素描→〔6B 鉛筆〕	○ ● ● ● ●
色彩模式：sRGB		

1 在空圖層上使用〔6B鉛筆〕筆刷繪製圖畫輪廓，或使用草圖檔案（p.78）。

2 新增圖層後，使用〔6B鉛筆〕筆刷繪製大塊的奶油和小塊的奶油並填色。

#fff2ca

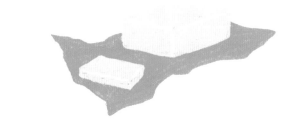

3 新增圖層後，使用白色線條來表現奶油的厚實立體感。

○ #ffffff

4 在步驟3的圖層下方新增圖層，繪製出紙質包裝並填色。

● #cba658

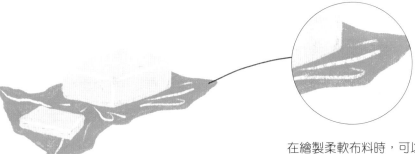

5 新增圖層後，使用白色線條來表現紙質包裝上皺褶部分。

○ #ffffff

在繪製柔軟布料時，可以使用曲線來表現立體感，但堅挺的紙張則需要適當使用曲線和直線，才能表現元素特點。

6 新增圖層後，使用灰色筆刷繪製刀片、使用粉色筆刷繪製手柄，並用白色筆刷繪製線條表現出刀片立體感。

　　● #b1b3b3　◗ #f7d0c2　○ #ffffff

7 在最底層新增圖層並繪製陰影。在紙質包裝上浮起的部分，繪製較寬的陰影，與地面接觸的部分，則繪製較窄的陰影，這樣便可表現出高低差。

　　● #7b631e

TIP 將奶油和刀子的各個元素分組整理

隨著圖層的增加，可將每個元素分組，以方便整理和查看。

LEVEL 1

簡單
練習手感

溫暖毛衣

在寒冷的冬天，穿上厚實毛衣，總能感受到加倍的幸福，

讓我們試著用溫暖的筆觸來表現它吧！

我們將學習到如何從上色、細節到圖案都用一種筆刷表現。

畫布大小：150 x 150mm	筆刷：	顏色：
解析度：300dpi	素描→〔6B鉛筆〕	
色彩模式：sRGB		

身體和袖子之間留白，
可以更方便區分形狀。

1 在空圖層上使用〔6B鉛筆〕筆刷
繪製圖畫輪廓，或使用草圖檔案
（p.78）。

2 新增圖層後，使用〔6B鉛筆〕筆
刷繪製毛衣的衣體和袖子。

● #343a55

3 繪製領口、下擺和袖口，並在邊
界留白。

4 新增圖層後，使用白色筆刷繪製
線條，表現出領口、下擺和袖口
的細節。接著使用芥末色筆刷在
毛衣領子內部繪製標籤。

○ #ffffff ● #debd41

5　新增圖層後，以繞圈形狀的線條
　　在衣體和袖子上表現毛衣質感，
　　並將圖層透明度調整至50%。

　　　　　　　　　　　⬤ #ababab

6　新增圖層後，繪製藍鈴花。

　　　　　　　　　　　○ #ffffff

7　新增圖層後，繪製植物莖部。

　　　　　　　　　　　⬤ #b3c27a

8　在步驟7的圖層下方新增圖層，
　　使用綠色筆刷繪製葉子、深綠色
　　筆刷繪製葉脈，即完成圖畫。

　　　　　　⬤ #7e8c4a ⬤ #47521e

為數位繪圖增添手繪感1：
創造出紙張繪製感

1   從提供的繪畫檔案中（p.78），長按要使用的「紙質圖」，先儲存到相簿中。打開完成的圖檔，選擇〔操作〕→〔添加〕→〔插入一張照片〕，打開已下載的質感圖。

TIP   在繪圖之前，預先設置紙質圖圖層，這樣便會有在紙上實際繪畫的感覺，更能享受數位繪畫的樂趣。

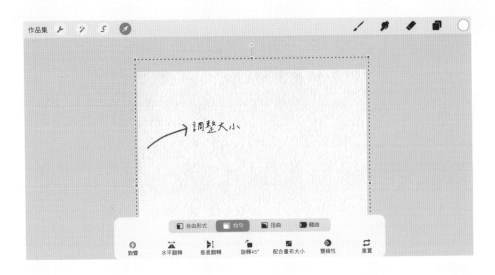

2 調整圖像大小，讓紙質圖充滿整個畫布。

3 按下紙質圖圖層的〔N〕按鈕，應用圖層混合效果，推薦使用〔色彩增值〕、〔變暗〕、〔線性加深〕、〔顏色變暗〕這四種效果。應用後，調整圖層透明度，使其達到所需的效果，即完成作品。（紙質圖的圖層要維持在圖畫之上，才能在作品中呈現自然質感。）

為數位繪圖增添手繪感2：
創造出油蠟筆繪製感

1 從提供的繪畫檔案中（p.78），長按「油蠟筆質感圖」，先儲存到相簿中。
打開完成的圖檔，選擇〔操作〕→〔添加〕→〔插入一張照片〕，打開
已下載的質感圖（調整圖像大小配合畫布尺寸）。

TIP 使用油蠟筆質感圖時，最適合使用帶有粗糙感的筆刷來繪製。推薦的筆刷
有素描-〔6B鉛筆〕、繪圖-〔奧伯隆〕、著墨-〔乾式墨粉〕、著墨-〔潘達
妮〕。

2-1 將質感圖放在圖層列表的最上方，按下〔N〕按鈕，應用「加深顏色」
圖層混合效果，接著調整圖層透明度以達到所需的效果，即完成作品。

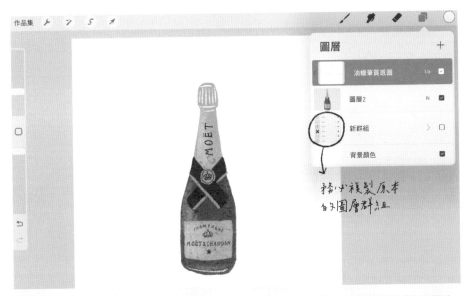

2-2 如果使用〔線性加深〕效果，可以將整個圖層合併，再選擇質感圖圖層，
應用〔剪切遮罩〕效果即完成。

為什麼要在油蠟筆質感圖中使用剪切遮罩功能？

使用紙質圖時，要應用在整個畫布上，看起來才會自然，因此不需要使用剪切遮罩功能。然而，因為油蠟筆質感圖單純只應用在繪畫圖案上會更顯自然，因此建議在沒有背景的圖片上使用剪切遮罩功能。

為什麼油蠟筆質感圖的圖層混合方式與紙質圖不同？

紙質圖應用圖層混合效果時，最適合使用〔色彩增值〕模式呈現，因為造成的顏色變化較小，而〔加深顏色〕和〔線性加深〕模式則能在保留最小色差的情況下，呈現出鮮明的油蠟筆質感。不過，每種效果都可以產生不同感覺，可根據個人喜好調整。

LEVEL 2
善用繪圖技巧

在此階段中，讓我們利用阿爾法鎖定、圖層功能和
文字添加等其他功能，嘗試繪製更細緻的元素。

LEVEL 2

善用
繪圖技巧

用華麗的咖啡杯喝拿鐵、品茶，

彷彿多了一段輕鬆的享受時間，讓人心情愉悅。

在這幅圖畫中，讓我們嘗試增添各種花紋，

能讓圖案更具可看性。

畫布大小：150 x 150mm	筆刷：	顏色：
解析度：300dpi	素描→〔6B鉛筆〕	
色彩模式：sRGB		

1 在空圖層上使用〔6B 鉛筆〕筆刷繪製圖畫輪廓，或使用草圖檔案（p.78）。

2 新增圖層後，用〔6B 鉛筆〕筆刷繪製咖啡杯的外輪廓並上色。

#f4edd9

3 新增圖層後，在杯口、底部、手柄等處，繪製基本花紋。

● #3c4b86

4 在基本花紋之間裝飾點狀花紋、垂直線條花紋、樹葉圖案等複雜圖案，或也可以繪製自己喜歡的圖案。

5 在步驟3的圖層下方新增圖層，繪製咖啡並上色，即完成作品。

● #9c5908

LEVEL 2

善用
繪圖技巧

美味可頌

當可頌放入烤箱時，整個空間都充滿奶油香氣，
烤可頌讓人回味無窮，吃兩個才會滿足，享用美食的時間也稍縱即逝。
在這幅圖畫中，我們將使用阿爾法鎖定和剪切遮罩功能，
嘗試在圖案中增加紋路。

畫布大小：150 x 150mm	筆刷：	顏色：
解析度：300dpi	素描→〔6B鉛筆〕	
色彩模式：sRGB	繪圖→〔考伯海德〕	

1 在空圖層上使用〔6B鉛筆〕筆刷繪製圖畫輪廓，或使用草圖檔案（p.78）。

2 新增圖層後，用〔6B鉛筆〕筆刷繪製盤子並上色。

#f5f5f5

3 新增圖層後，在盤子的邊緣繪製大橢圓，在盤子內部繪製小橢圓，表現凹陷形狀。

● #465180

4 調整畫筆的壓力，沿著盤子邊緣繪製花紋。

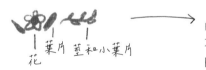

花　葉片　莖和小葉片

由於紋路非常細小，因此不規則且彎曲的線條比清晰線條更能展現可愛感。

〔考伯海德〕筆刷非常適合表現堆疊的可頌紋路。繪畫時要用層層堆疊的方式繪製，而不是整個填滿。

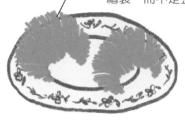

使用阿爾法鎖定和剪切遮罩功能的方法→參閱p.71

5 新增圖層後，用〔考伯海德〕筆刷繪製烤可頌。

● #d39f54

6 將〔阿爾法鎖定〕應用於步驟5的圖層上，然後再新增圖層，並應用〔剪切遮罩〕。在新增圖層上畫出烤麵包的深色紋路，即完成作品。

● #925b0d

TIP 分離〔阿爾法鎖定〕圖層和〔剪切遮罩〕圖層

剪切遮罩

阿爾法鎖定

為方便修改，建議保持〔阿爾法鎖定〕圖層的原始狀態，〔剪切遮罩〕圖層則可根據需求增加。

善用
繪圖技巧

小鴨家族

小鴨媽媽一步一步走著，

小鴨寶寶們急急忙忙跟在後面，十分活潑俏皮。

我們要繪製毛茸茸的鴨子時，

練習使用具有質感的著墨筆刷會更加可愛。

畫布大小：150 x 150mm	筆刷：	顏色：
解析度：300dpi	素描→〔6B 鉛筆〕	● ● ● ● ●
色彩模式：sRGB	著墨→〔滲墨〕	●

1　在空圖層上使用〔6B 鉛筆〕筆刷繪製圖畫輪廓，或使用草圖檔案（p.78）。

2　新增圖層後，用〔滲墨〕筆刷繪製母鴨的身體並上色。

　　　　　　　　　　　#fff4e2

TIP

〔滲墨〕筆刷沒有間隙，
因此可以使用輪廓繪製
和填色功能。
→參閱 p.51

3　新增圖層後，用橘色筆刷繪製母鴨的喙和腳，並用黑色筆刷繪製眼睛。

　●#ef8e23　●#362b23

4　新增圖層後，在喙上繪製鼻孔，在腳上繪製細線表現爪子細節。

　　　　　　　　　　　●#d36407

在線條的開始
與結束處用較
少的壓力，讓
兩端以細線條
的形式呈現。

5　新增圖層後，繪製翅膀和尾巴的羽毛連接處。

　　　　　　　　　　　#ecd7c3

6 新增圖層後，繪製小鴨寶寶們的身體。

　　　　● #ffc74e

7 新增圖層後，用橘色筆刷繪製小鴨寶寶的喙和腳，並用黑色筆刷繪製眼睛。

　　　　● #ef8e23　● #362b23

8 新增圖層後，繪製小鴨寶寶們的翅膀，即完成作品。

　　　　● #f9e0a9

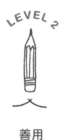

LEVEL 2

善用
繪圖技巧

縫紉棉線

陳舊的縫紉物品即使不再使用，

仍具有其獨特魅力，讓人捨不得丟棄。

在這幅圖畫中，我們將利用添加文字功能，嘗試書寫英文字體。

畫布大小：150 x 150mm	筆刷：	顏色：
解析度：300dpi	素描→〔6B鉛筆〕	
色彩模式：sRGB		

1 在空圖層上使用〔6B 鉛筆〕筆刷繪製圖畫輪廓，或使用草圖檔案（p.78）。

2 新增圖層後，用〔6B 鉛筆〕筆刷繪製線圈板並上色。

● #decbab

3 新增圖層後，繪製捲曲線圈形狀並上色。用凹凸不平的側面和一條長線作為重點來表現。

● #83612d

4 新增圖層後，調整筆刷大小，在線圈之間繪製線條，表現細節。

● #decbab

TIP

避免使用僵硬直線，
透過調整筆壓表現不同
粗細，利用凹凸不平來
展現線條的靈活感。

5 在步驟 3 圖層下方新增圖層，沿著線圈板外圍繪製內部線條，接著繪製凸起曲線部分，增加裝飾效果。

● #ac5331

繪製手寫風格
文字的方法
→參閱p.76

6 在工具欄中選擇〔操作〕→〔添加〕→〔添加文字〕，輸入文字後，透過編輯樣式調整字體和大小，進行排版。

7 調整文字圖層透明度，接著在上方新增圖層，沿著文字繪製手寫體，即完成作品。

● #589fc0

TIP 完成後取消勾選文字圖層

文字圖層僅用於繪製手寫體，完成圖畫後取消勾選方塊，就能隱藏圖層。

LEVEL 2

善用
繪圖技巧

冰涼香檳

我個人不太喝酒，但不知道為什麼，

星期五晚上特別喜歡來杯冰涼香檳搭配喜歡的電影。

在這幅圖畫中，將會練習繪製各種形狀，

並使用細線來增加文字和小圖案，提升整體細膩度。

畫布大小：150 x 150mm	筆刷：	顏色：
解析度：300dpi	素描→〔6B鉛筆〕	
色彩模式：sRGB	素描→〔納林德鉛筆〕	

1 在空圖層上使用〔6B 鉛筆〕筆刷繪製圖畫輪廓，或使用草圖檔案（p.78）。

2 新增圖層後，用〔6B 鉛筆〕筆刷繪製瓶蓋包裝紙、瓶標並上色。

● #fcab8f

3 在步驟 2 圖層下方新增圖層，根據瓶子形狀上色。

● #4e6014

4 新增圖層後，在香檳包裝紙上繪製絲帶。

● #3d3c3a

5 新增圖層後，在絲帶上繪製圓形
貼紙，並在絲帶上繪製紋路。

● #dfa51c

6 新增圖層後，用白色細線繪製瓶
蓋和底部的曲線細節。

○ #ffffff

7 新增圖層後，使用〔納林德鉛
筆〕筆刷繪製產品名稱、皇冠圖
案及星星。

● #3d3c3a

8 新增圖層後，選擇比標籤和瓶子
顏色更亮的色調，使用〔6B鉛
筆〕筆刷以傾斜方式上色，增加
陰影效果。

● #889a4c ◐ #ffd3c4

LEVEL 2

善用
繪圖技巧

特色髮梳

當我回憶起童年的鄉村房子，

其中一項浮現在腦海的物品就是髮梳，

所以我試著記起並畫出這個優雅的淡粉紅色髮梳。

在這幅圖畫中，將會使用阿爾法鎖定和剪切遮罩來增添花紋。

畫布大小：150 x 150mm	筆刷：	顏色：
解析度：300dpi	素描→〔6B鉛筆〕	
色彩模式：sRGB	噴霧→〔柔化〕	

1 在空圖層上使用〔6B鉛筆〕筆刷繪製圖畫輪廓，或使用草圖檔案（p.78）。

2 新增圖層後，用〔6B鉛筆〕筆刷繪製梳子並上色。

⬤ #f0d5cb

3 在步驟2圖層上應用〔阿爾法鎖定〕，並在其上方新增圖層後，應用〔剪切遮罩〕。使用〔柔化〕筆刷為梳子增加紋理，並調整圖層透明度，以約60%的程度呈現淡淡的花紋。

◯ #ffffff

4 新增圖層後，在梳子上使用〔6B鉛筆〕筆刷繪製立體感。

⬤ #d8b2a5

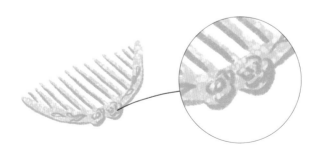

5 在梳子上繪製玫瑰和葉子等花紋，增加細節，即完成作品。

萬能鈕扣

我有收集鈕扣的習慣，

那些扣子的大小、形狀和顏色各不相同，

收集在一起顯得非常可愛。

在這幅圖畫中，將調整細線的筆壓，嘗試在圖案中表現立體感。

畫布大小：150 x 150mm	筆刷：	顏色：
解析度：300dpi	素描→〔6B鉛筆〕	
色彩模式：sRGB	噴霧→〔柔化〕	
	繪圖→〔考伯海德〕	

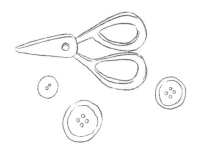 

1 在空圖層上使用〔6B鉛筆〕筆刷繪製圖畫輪廓，或使用草圖檔案（p.78）。

2 新增圖層後，用〔6B鉛筆〕筆刷繪製剪刀的手柄部分並上色。
● #624c1a

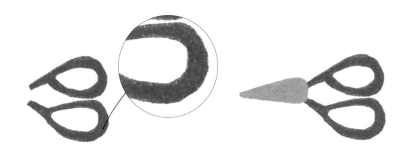

3 在步驟2圖層上應用〔阿爾法鎖定〕，在上方新增圖層後，應用〔剪切遮罩〕，並使用〔柔化〕筆刷為手柄加上紋路，透過調整圖層透明度，表現紋路和陳舊感。
● #94711e

4 在最上面新增圖層，用棕色〔6B鉛筆〕筆刷繪製刀刃。如同步驟3，為刀刃添加紋路。
● #c39936 ● #94711e

5 新增圖層後，用黃褐色筆刷繪製刀刃連接處，並用白色筆刷繪製線條，表現出刀刃、手柄和連接處的立體感。

⬤ #624c1a ◯ #fffff

6 新增圖層後，用米白色筆刷繪製左側鈕扣並上色。再新增一個圖層，用棕色筆刷繪製鈕扣細節。

⬤ #f7e4aa ⬤ #94711e

7 新增圖層後，繪製中央的鈕扣並上色。

⬤ #a15d14

8 在步驟7的圖層應用〔阿爾法鎖定〕，並在上方新增圖層後，應用〔剪切遮罩〕，使用〔考伯海德〕筆刷為鈕扣增加紋路。

⬤ #754615

9　新增圖層後，使用〔6B鉛筆〕筆
　刷為中間鈕扣繪製細節。
　#d2a16d

10　新增圖層後，用黃褐色筆刷繪製
　右側鈕扣並上色。再新增一個圖
　層，用棕色筆刷繪製細節，即完
　成作品。

　　● #624c1a　● #c39936

專業縫紉針

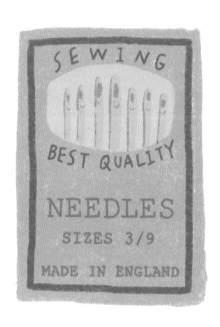

紙盒包裝的縫紉針極具復古魅力。
在這幅圖畫中，我們將使用文字添加功能，
做出漂亮的英文手寫字體，並透過調整圖層的透明度，
展現出透明材質。

畫布大小：150 x 150mm	筆刷：	顏色：
解析度：300dpi	素描→〔6B鉛筆〕	
色彩模式：sRGB	素描→〔納林德鉛筆〕	
	噴霧→〔柔化〕	

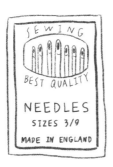

1 在空圖層上使用〔6B 鉛筆〕筆刷繪製圖畫輪廓，或使用草圖檔案（p.78）。

2 新增圖層後，用〔6B 鉛筆〕筆刷繪製外盒並上色。

● #ccc087

3 在步驟 2 圖層上應用〔阿爾法鎖定〕，並在其上方新增圖層後，應用〔剪切遮罩〕，並使用〔柔化〕筆刷添加紋路，表現出陳舊感。透過調整圖層透明度，讓紋路淡淡地顯示出來。

○ #ffffff

4 新增圖層後，用綠色〔6B 鉛筆〕筆刷繪製邊框紋路，並用白色筆刷繪製內部框，後透過調整圖層透明度，使其具透明感，可將透明度調整為 50% 以下。

● #657847 ○ #ffffff

5 在步驟4圖層下方新增圖層，繪製縫紉針。該圖層必須位在步驟4圖層下方，讓針能夠顯示在透明的內部框之下。

● #a7a7a7

6 新增圖層後，在每根針的左側邊緣繪製線條，表現立體感。接著繪製針孔和突起處，表現細節。

● #4b4b4b

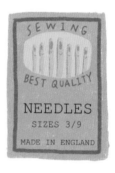

7 新增圖層後，用〔納林德鉛筆〕筆刷繪製文字。

● #cc642b

8 在工具欄中選擇〔操作〕→〔添加〕→〔添加文字〕，在外盒上增加文字介紹。可以利用各種字體和文字功能（對齊、字距、行距等）。

9 調整文字圖層透明度，然後在上
方新增圖層，繪製手寫字體，即
完成作品。

● #958c60

TIP 檢查圖層順序和整理文字圖層

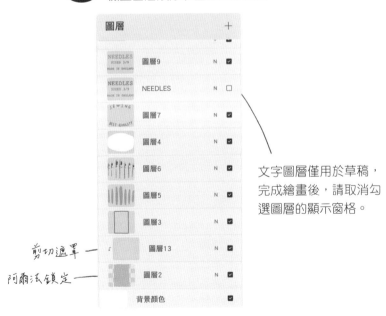

剪切遮罩 ——

阿爾法鎖定 ——

文字圖層僅用於草稿，
完成繪畫後，請取消勾
選圖層的顯示窗格。

善用
繪圖技巧

休閒藤編包

想像著手提藤編包去散步，

在路邊撿拾落葉和樹枝的場景，完成了這幅畫。

這幅圖畫透過組合不同形狀的線條，來表現藤編紋理。

畫布大小：150 x 150mm	筆刷：	顏色：
解析度：300dpi	書法→〔炭筆〕	
色彩模式：sRGB	素描→〔6B鉛筆〕	
	著墨→〔滲墨〕	

1　在空圖層上使用〔6B鉛筆〕筆刷
　　繪製圖畫輪廓，或使用草圖檔案
　　（p.78）。

2　新增圖層後，用〔炭筆〕筆刷繪
　　製藤編包和提手並上色。

● #bc9668

3　新增圖層後，繪製包包內部並上
　　色。使用相同顏色對不同元素進
　　行上色時，可在邊界部分留下間
　　隙，表現出區分和形狀。

● #866b4a

4　新增圖層後，用〔6B鉛筆〕筆刷
　　繪製藤編包的紋理。

● #e4d5c3

5　新增圖層後，用〔滲墨〕筆刷繪
　　製樹葉。

● #8c935a

6　在最上方新增圖層，將筆刷調
　　小，繪製莖部，即完成作品。

● #71682b

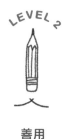

善用
繪圖技巧

連身花紋泳衣

古樸的連身花紋泳衣讓人感覺很可愛。
在繪製細小而密集的花紋時，可以利用阿爾法鎖定和剪切遮罩，
就能在不需要整理輪廓的情況下輕鬆繪製。

畫布大小：150 x 150mm	筆刷：	顏色：
解析度：300dpi	素描→〔6B鉛筆〕	● ● ● ● ●
色彩模式：sRGB		●

1 在空圖層上使用〔6B 鉛筆〕筆刷繪製圖畫輪廓，或使用草圖檔案（p.78）。

2 新增圖層後，用〔6B 鉛筆〕筆刷繪製泳衣並上色，接著應用〔阿爾法鎖定〕。

〃 #f3e7d1

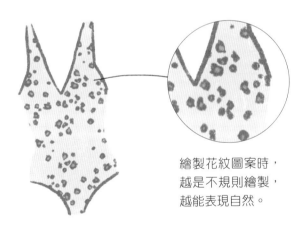

繪製花紋圖案時，
越是不規則繪製，
越能表現自然。

3 在步驟2的圖層上方新增圖層，並應用〔剪切遮罩〕。用紅色筆刷繪製輪廓線和細小花瓣，用天藍色筆刷繪製小點來表現花蕊。

● #d2643a ● #98c0cf

4 新增〔剪切遮罩〕圖層後，繪製
細小葉子。

● #b2cb9e

5 新增〔剪切遮罩〕圖層後，在薄
荷葉上繪製深色葉子。

● #8da15b

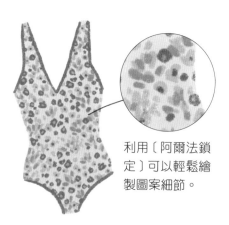

利用〔阿爾法鎖
定〕可以輕鬆繪
製圖案細節。

6 新增〔剪切遮罩〕圖層後，用黃
色筆刷繪製細小花瓣。

● #ffc63c

7 新增〔剪切遮罩〕圖層後，以點
狀繪製方式表現黃花花蕊，即完
成作品。

● #9a672f

LEVEL 2

善用
繪圖技巧

高級訂製香水

香水的味道雖然重要，但精心設計的瓶子和標籤也會引起購買慾望，
特別是復古風格的包裝，更會讓人忍不住想要珍藏。
如果你已經熟悉6B鉛筆筆刷，可以嘗試繪製細緻的包裝設計，
並更細膩地去處理細節。

| 畫布大小：150 x 150mm
解析度：300dpi
色彩模式：sRGB | 筆刷：
素描→〔6B鉛筆〕 | 顏色： |

1 在空圖層上使用〔6B鉛筆〕筆刷繪製圖畫輪廓，或使用草圖檔案（p.78）。

2 新增圖層後，用〔6B鉛筆〕筆刷繪製香水瓶並上色。

⬤ #f1edd4

3 新增圖層後，繪製瓶蓋並上色。

⬤ #d3a74c

4 新增圖層後，繪製標籤並上色。

⬤ #c2ce99

5 新增圖層後，繪製線條表現瓶身的立體感，並用白色筆刷表現瓶蓋細節。

🔘 #d2caa2　⚪ #ffffff

6 新增圖層後，用象牙色筆刷在標籤上繪製圓圈並上色，接著用較粗的黃褐色筆刷畫出輪廓線，再用綠色筆刷繪製葉子。

◽ #f1edd4　🔘 #d3a74c　⚫ #6c7c3b

7 新增圖層後，繪製標籤上的莖和葉子。

🟢 #69a96a

8 新增圖層後，繪製鈴蘭花。

⚪ #ffffff

9 新增圖層後，用灰色筆刷繪製花瓣的立體感，用黃褐色筆刷繪製圓形花蕊。

● #b0b0b0 ● #d3a74c

10 新增圖層後，在標籤中間寫下喜歡的詞語或香水名稱。

● #614b19

11 新增圖層後，繪製標籤的外邊框和細節，即完成作品。

● #6c7c3b

TIP 多個圖層的整理方法

仔細檢查圖層順序並進行整理，或將圖層分組整理也是不錯的方法（例如：瓶蓋／香水瓶／標籤）。

LEVEL 3
提升作品質感

在 Level 3 中，
我們將透過更細緻的細節處理來增加圖畫立體感，
並利用疊加圖層來提升質感，
創造出更獨特的效果。

LEVEL 3

提升
作品質感

不鏽鋼萬用夾

在不需要時總是很顯眼，需要時卻常常找不到，

雖然這是小巧的辦公用品，但卻非常實用。

在這幅圖畫中，我們將結合阿爾法鎖定和剪切遮罩功能，

讓兩種筆刷混合，更深入表現質感。

畫布大小：150 x 150mm	筆刷：	顏色：
解析度：300dpi	素描→〔6B鉛筆〕	● ○ ● ●
色彩模式：sRGB	上漆→〔東方畫〕	
	噴霧→〔柔化〕	

1 在空圖層上使用〔6B鉛筆〕筆刷繪製圖畫輪廓，或使用草圖檔案（p.78）。

2 新增圖層後，使用〔6B鉛筆〕筆刷繪製夾子輪廓並上色。

● #7b7b7b

3 在步驟2圖層上應用〔阿爾法鎖定〕，在其上方新增圖層並應用〔剪切遮罩〕。在此新增圖層使用〔東方畫〕筆刷上色，接著將圖層透明度調整至60％，呈現較淡色彩，表現金屬閃爍感。

● #bbbbbb

4 新增圖層後，應用〔剪切遮罩〕並使用〔柔化〕筆刷繪製細小紋路，表現舊質感。接著將圖層透明度調整至60％，以避免紋路過於突兀。

● #837869

5 新增圖層後，使用〔6B 鉛筆〕筆刷表現夾子的曲線和細節。

○ #ffffff

6 新增圖層後，在夾子中間加入文字即完成。

● #bbbbbb

TIP 分層處理多個質感

如果要表現單個形狀的多個質感，由於筆刷或顏色的不同，建議使用多個〔剪切遮罩〕圖層來分層處理。

傳統草製掃把

想像一下在家愉快打掃的情景，我們來試試看畫掃把吧！

在這幅圖畫中，除了筆刷形狀外，

還可以藉由繪畫方式來表現物品質感。

畫布大小：150 x 150mm	筆刷：	顏色：
解析度：300dpi	素描→〔6B 鉛筆〕	
色彩模式：sRGB	繪圖→〔考伯海德〕	

1 在空圖層上使用〔6B鉛筆〕筆刷繪製圖畫輪廓，或使用草圖檔案（p.78）。

2 新增圖層後，使用〔6B鉛筆〕筆刷繪製掃把並上色。

● #d5ba84

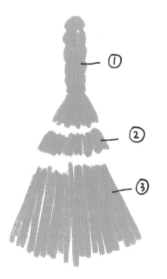

TIP

使用同一種顏色填色，
可將不同部分分開上色，
能讓形狀更加清晰。

TIP

在繪製質感時，將區域分開進行處理，並根據掃把紋路方向來表現，會更加自然。

3 在步驟2圖層上應用〔阿爾法鎖定〕，在其上方新增圖層並應用〔剪切遮罩〕。在此新圖層使用〔考伯海德〕筆刷，沿著掃帚方向繪製，增添質感。

● #a37d31

4 新增圖層後，使用〔6B鉛筆〕筆刷，以曲線形式繪製掃把連接處線條，表現縫紉質感。

○ #ffffff

5 在寬縫線之間繪製細長垂直線條，表現相連結構。

6 新增圖層後，繪製把手的線條，掃把底部也沿著紋路加上細節，即完成作品。

● #755920

**提升
作品質感**

鐵製澆水壺

將古老的鐵製澆水壺改造成可愛的花盆來利用吧！
澆水壺與植物的完美搭配，看起來真賞心悅目。
在這幅圖畫中，我們將練習如何為物品增添質感和繪製花朵。

畫布大小：150 x 150mm	筆刷：	顏色：
解析度：300dpi	素描→〔6B 鉛筆〕	
色彩模式：sRGB	噴霧→〔柔化〕	

1 在空圖層上使用〔6B鉛筆〕筆刷繪製圖畫輪廓，或者使用草圖檔案（p.78）。

2 新增圖層後，使用〔6B鉛筆〕筆刷繪製澆水壺並上色。

● #767676

3 在步驟2圖層上應用〔阿爾法鎖定〕，在其上方新增圖層並應用〔剪切遮罩〕。在此新圖層使用〔柔化〕筆刷增加質感，並將圖層透明度調整至50%，避免過於突出。

● #6d5f54

4 新增圖層後，應用〔剪切遮罩〕，繼續增加質感，同樣將圖層透明度調整至50%。

● #c3bdb9

TIP

澆水壺圖畫可以將
圖層多重選擇，接著以
群組方式分組（p.43），
管理會更加方便。

5 新增圖層後，使用〔6B鉛筆〕筆
刷在澆水壺各部位繪製線條，表
現立體感。

○ #ffffff

TIP

莖的末端要用較輕的
力量，底部則要用較大
的力量來繪製。

6 新增圖層後，繪製薰衣草莖部。

● #adbe76

7 新增圖層後，繪製細小薰衣草葉。一片片繪製，會表現出葉子自然生長感。

● #57642f

8 在所有的莖上繪製葉子，讓畫面更豐富。

9 新增圖層後，在葉子之間畫薰衣草花朵，即完成作品。

● #634474

TIP

為了讓薰衣草融入澆水壺中，可以長按薰衣草群組，調整圖層順序，將其放在澆水壺圖層下方。

LEVEL 3

提升
作品質感

多功能園藝工具

如果有天住進有庭院的房子，
我想要準備好一系列園藝工具，打理屬於自己的小花園。
在這幅圖畫中，我們將練習如何增添質感，
以及如何有效管理多個元素的圖層。

畫布大小：150 x 150mm	筆刷：	顏色：
解析度：300dpi	素描→〔6B 鉛筆〕	
色彩模式：sRGB	噴霧→〔柔化〕	
	繪圖→〔考伯海德〕	

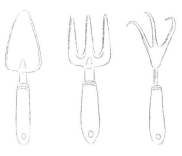 

1 在空圖層上使用〔6B 鉛筆〕筆刷繪製圖畫輪廓，或者使用草圖檔案（p.78）。

2 新增圖層後，使用〔6B 鉛筆〕筆刷繪製鏟子頭部並上色。

● #767676

3 新增圖層後，繪製手柄並上色。

● #af9150

4 在步驟2圖層上應用〔阿爾法鎖定〕，在其上方新增圖層並應用〔剪切遮罩〕。在此新圖層使用〔柔化〕筆刷增加質感，並將圖層透明度調整至70%，避免過於突出。

● #6d5f54

5 新增圖層後，應用〔剪切遮罩〕，繼續增加質感，並同樣將圖層透明度調整至70%。

● #c3bdb9

6 在步驟3圖層上應用〔阿爾法鎖定〕，在其上方新增圖層並應用〔剪切遮罩〕。在此新圖層使用〔考伯海德〕筆刷，以垂直方向輕輕劃過，加入手柄樹紋質感，並將圖層透明度調整至60%。

● #725b39

7 新增一個圖層置於最上方，使用白色〔6B鉛筆〕筆刷在鏟子頭部和手柄繪製線條，表現立體感。接著使用深褐色筆刷在手柄末端繪製孔洞，表現細節。完成後選擇鏟子的所有圖層，放入〔群組〕並更改名稱。

○ #ffffff　● #725b39

8 其他兩種工具僅有形狀不同，上色方式則相同，所以以相同順序和方法繪製即可。當每完成一個工具時，確保將圖層放入〔群組〕，以便管理和整理。

TIP 整理圖層群組和順序

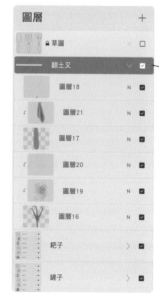

當有多個元素且類似的圖層較多時，請隨時檢查圖層順序和使用〔群組〕功能。

LEVEL 3

提升
作品質感

植感藤編籃

天然材料的藤編製品非常適合與植物搭配，
我們可以把植物放入藤編籃中，讓整個室內氛圍更加自然、清新。
在這幅圖畫中，我們將練習在不同元素中增添質感，
以及如何有效管理圖層。

畫布大小：150 x 150mm	筆刷：	顏色：
解析度：300dpi	素描→〔6B 鉛筆〕	
色彩模式：sRGB	上漆→〔東方畫〕	
	繪圖→〔考伯海德〕	

1　在空圖層上使用〔6B 鉛筆〕筆刷繪製圖畫輪廓，或者使用草圖檔案（p.78）。

2　新增圖層後，使用〔6B 鉛筆〕筆刷繪製藤編籃並上色。

　　● #bda073

繪製質感時，可以稍微減弱筆壓，避免完全遮蓋下方填色。

3　在步驟2圖層上應用〔阿爾法鎖定〕，在其上方新增圖層並應用〔剪切遮罩〕。在此新圖層使用〔東方畫〕筆刷，增添橫向質感，並將圖層透明度調整至60%。

　　● #604418

4 新增圖層後，應用〔剪切遮罩〕。在此新圖層使用〔考伯海德〕筆刷，增添垂直方向質感，並將圖層透明度調整至50%。

● #a67325

5 新增圖層後，應用〔剪切遮罩〕。在此新圖層使用〔6B鉛筆〕筆刷，繪製藤編籃的細節，表現出立體感。

● #775623

6 新增圖層後，應用〔剪切遮罩〕。在此新圖層使用線條繪製藤編的花紋。

○ #ffffff

7 新增圖層後，將藤編籃內部填色。完成後，選擇藤編籃的所有圖層，放入〔群組〕並更改名稱。

● #604418

8 新增圖層後，繪製植物莖部。

● #6b8123

9 新增圖層後，繪製植物葉子。請在葉片重疊部分的邊緣留出空隙，用以表現葉子形狀。

10 在步驟9圖層上應用〔阿爾法鎖定〕，在其上方新增圖層並應用〔剪切遮罩〕。在此新圖層使用〔考伯海德〕筆刷，為葉子增添質感。

● #8ea83b

11 新增圖層後，應用〔剪切遮罩〕。在此新圖層上使用〔6B鉛筆〕筆刷，從葉子中心開始繪製線條。

● #4e610fv

12 向葉片兩側延伸，完成葉脈的繪製，接著把植物圖層放入〔群組〕。為了讓植物看起來像是被放在藤編籃中，把植物群組移到藤編籃群組的下方。

Indoor plants

可以根據自己的喜好，嘗試畫出不同風格的植物。

甜美西洋梨

首次品嚐到西洋梨的獨特甜美風味，就讓我愛上了它。
優雅的淺綠色搭配上自然的小黑點，形成可愛樣貌。
在這幅圖畫中，將使用6B鉛筆筆刷，
嘗試以多種方式表現水果表面的質感。

畫布大小：150 x 150mm	筆刷：	顏色：
解析度：300dpi	素描→〔6B鉛筆〕	
色彩模式：sRGB		

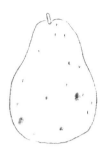

1 在空圖層上使用〔6B 鉛筆〕筆刷繪製圖畫輪廓，或使用草圖檔案（p.78）。

2 新增圖層後，使用〔6B 鉛筆〕筆刷繪製西洋梨並上色。

● #b9bd53

將筆傾斜使用，可以表現出廣泛噴灑的效果。

3 在步驟2圖層上應用〔阿爾法鎖定〕，在其上方新增圖層並應用〔剪切遮罩〕。在此新圖層上稍微增添西洋梨的質感。

● #a6953a

如果將筆豎直使用，粗糙的斑點會更濃，顯得不太自然，所以嘗試將鉛筆稍微傾斜使用。

4 新增圖層後，繪製蒂頭，接著在表面繪製小黑點，即完成作品。

● #715314

LEVEL 3

提升
作品質感

多汁水蜜桃

看到水蜜桃時，就會想到「夏天來了」。

咬上一口甜甜的水蜜桃，似乎能一掃夏日的疲憊。

在這幅圖畫中，我們將調整筆尖的傾斜度，

讓水果和樹葉的質感與色彩可以表現得更豐富。

畫布大小：150 x 150mm	筆刷：	顏色：
解析度：300dpi	素描→〔6B 鉛筆〕	
色彩模式：sRGB		

1 在空圖層上使用〔6B 鉛筆〕筆刷
繪製圖畫輪廓，或使用草圖檔案
（p.78）。

2 新增圖層後，使用〔6B 鉛筆〕筆
刷繪製左邊水蜜桃並上色。

　#ecd899

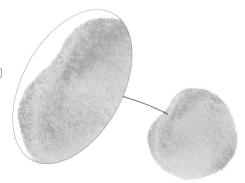

在中間凹溝留出空白，
可以輕鬆表現水蜜桃的
立體感。

3 在步驟 2 圖層上應用〔阿爾法鎖
定〕，在其上方新增圖層並應用
〔剪切遮罩〕。在此新圖層，以
傾斜的筆尖如同噴灑般上色。

　#b9bd53

4 新增圖層後，應用〔剪切遮罩〕。
在此新圖層，同樣使用傾斜的筆
尖再次上色。

● #d44f21

5 新增圖層後，用象牙白色筆刷繪
製凹溝處，並用咖啡色筆刷繪製
蒂頭。完成後，將水蜜桃的所有
圖層用〔群組〕來整理。

◐ #ecd899 ● #715314

6 以相同步驟完成右邊的水蜜桃，
並將此水蜜桃的所有圖層用〔群
組〕來整理。

7 新增圖層後，繪製樹葉並上色。

● #b9bd53

葉子中心有粗大主脈，與水蜜桃的凹溝處相似，留下空白可以表現立體感。

8 在步驟7圖層上應用〔阿爾法鎖定〕，在其上方新增圖層並應用〔剪切遮罩〕。在此新圖層，以傾斜的筆尖如同噴灑般上色。

● #5c6f13

9 新增圖層後，應用〔剪切遮罩〕。在此新圖層，用線條表現葉脈，即完成作品。

● #ecd899

LEVEL 3

提升
作品質感

午後甜鬆餅

Pancake

看著一層層堆疊的鬆餅，感到十分滿足，
讓我們想像融化的奶油和甜蜜的糖粉滋味，來畫出鬆餅吧！
在這幅圖畫中，我們將透過調整筆尖的傾斜度，
表現出各種不同的質感。

畫布大小：150 x 150mm	筆刷：	顏色：
解析度：300dpi	素描→〔6B鉛筆〕	
色彩模式：sRGB	著墨→〔乾式墨粉〕	
	書法→〔粉筆〕	

1 在空圖層上使用〔6B鉛筆〕筆刷繪製圖畫輪廓，或使用草圖檔案（p.78）。

2 新增圖層後，使用〔6B鉛筆〕筆刷繪製鬆餅並上色。

　　　　　　　　　 #f7ddb2

使用橡皮擦去除鬆餅之間接觸的部分並整理線條。另也可以將橡皮擦工具按住，使用相同形狀的橡皮擦刷。

3 在步驟2圖層上應用〔阿爾法鎖定〕，在其上方新增圖層並應用〔剪切遮罩〕。在此新圖層，使用〔乾式墨粉〕筆刷繪製鬆餅的脆皮層。

　　　　　　　　● #ae722f

4 新增圖層後，應用〔剪切遮罩〕。在此新圖層使用〔粉筆〕筆刷，將筆尖放平繪製，可以表現出糖粉質感。

　　　　　　　　○ #ffffff

TIP

如果繪製隱藏部分比較
困難,可以暫時將圖層
移到最上方來繪製。

5 新增圖層後,使用黃色〔6B鉛
筆〕筆刷繪製奶油,接著用淡黃
色筆刷繪製線條,表現立體感。

● #ffd36a ● #ffe7ad

6 在最底層新增圖層,繪製盤子並
上色。

● #37609e

7 在步驟6圖層下面新增圖層,繪
製盤子底部。

● #ebd4c0

8 在步驟6圖層上方新增圖層,繪
製盤子邊框紋路和文字,增添圖
案亮點。

○ #ffffff

LEVEL 3

提升
作品質感

日常生活小物

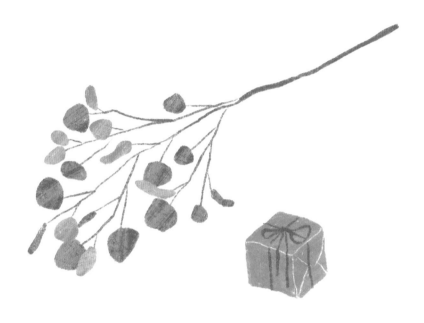

在清新的尤加利樹枝旁放著一個小禮物包裹，裡面會是什麼呢？

讓我們畫下打開禮物包裝的美好想像吧！

在這幅圖畫中，我們將練習描繪植物葉子和包裝紙質感。

畫布大小：150 x 150mm	筆刷：	顏色：
解析度：300dpi	素描→〔6B 鉛筆〕	
色彩模式：sRGB	繪圖→〔考伯海德〕	

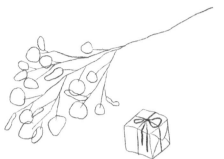

1 在空圖層上使用〔6B鉛筆〕筆刷繪製圖畫輪廓，或使用草圖檔案（p.78）。

2 新增圖層後，使用〔6B鉛筆〕筆刷繪製植物主幹。

● #866033

考慮生長順序，依次繪製「主幹→分枝→葉子」，會讓形狀更加自然。

3 在主幹上繪製分枝，越末端的樹枝會越細，所以繪製時需適當調整筆壓。

4 新增圖層後，在每個分枝末端繪製樹葉。

● #516513

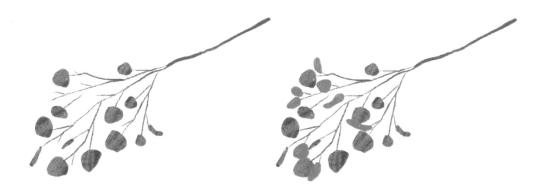

5 在步驟4圖層上應用〔阿爾法鎖
定〕，在其上方新增圖層並應用
〔剪切遮罩〕。在此新圖層使用
〔考伯海德〕筆刷，讓葉子有不
同方向的質感，接著將圖層透明
度調整至70%。

● #a0b94e

6 新增圖層後，使用〔6B鉛筆〕在
剩餘分枝上畫出所有樹葉。

● #799324

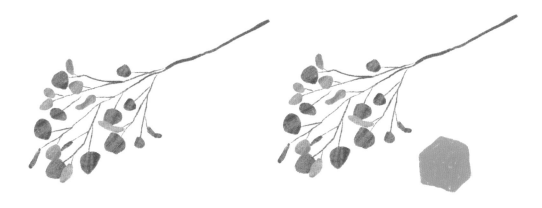

7 在步驟6圖層上應用〔阿爾法鎖
定〕，在其上方新增圖層並應用
〔剪切遮罩〕。在此新圖層使用
〔考伯海德〕筆刷，繪製出樹葉
質感。

● #bfd087

8 新增圖層後，使用〔6B鉛筆〕筆
刷繪製禮物包裝。

● #bba473

為具有立體感的形狀增添質感時，將每個面以不同方向繪製，可以表現出更加立體的感覺。

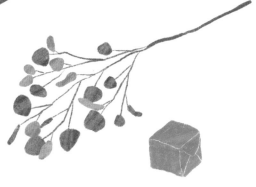

9 在步驟8圖層上應用〔阿爾法鎖定〕，在其上方新增圖層並應用〔剪切遮罩〕。在此新圖層使用〔考伯海德〕筆刷加入質感，接著將圖層透明度調整至70%。

● #a3813d

10 新增圖層後，使用〔6B鉛筆〕筆刷繪製線條，表現禮物包裝的立體感。

○ #ffffff

11 新增圖層後，繪製繩子。使用不平順的筆觸，呈現手繪感，能讓圖畫更加自然。

● #866033

12 在包裝頂部繪製緞帶，增添細節。完成畫作後，將禮物包裝的所有圖層放入〔群組〕，並更改名稱。

可口抹醬吐司

提升
作品質感

白吐司抹上任何醬料都好吃,

但我最喜歡帶有酸甜口感的草莓果醬。

在這幅圖畫中,我們將練習找到最接近真實質感的筆刷。

畫布大小:150 x 150mm	筆刷:	顏色:
解析度:300dpi	素描→〔6B 鉛筆〕	
色彩模式:sRGB	上漆→〔東方畫〕	
	書法→〔粉筆〕	
	著墨→〔滲墨〕	

1 在空圖層上使用〔6B鉛筆〕筆刷繪製圖畫輪廓，或使用草圖檔案（p.78）。

2 新增圖層後，使用〔6B鉛筆〕筆刷繪製吐司並上色。

⬤ #f4d9a3

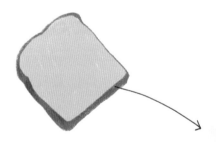

TIP

如果想將不同的質感圖層分離，可以新增圖層並套用〔剪切遮罩〕。

3 新增圖層後，用棕色筆刷繪製吐司邊，並應用〔阿爾法鎖定〕。接著使用深棕色〔6B鉛筆〕筆刷，以傾斜筆尖塗抹，畫出吐司邊的烘烤質感。

⬤ #b6762e ⬤ #8b5e27

TIP

吐司會沿著垂直方向撕
斷，所以垂直方向繪製
會更加自然。

4 新增圖層後，按步驟3的方法，
為吐司內部表現出烘烤質感。
● #b6762e

5 新增圖層後，使用〔東方畫〕筆
刷繪製果醬。完成後，將吐司的
所有圖層放入〔群組〕整理。
● #a11e40

6 新增圖層後，使用〔粉筆〕筆刷
繪製刀片並上色。
● #999999

7 新增圖層後，繪製刀柄並上色。

● #8b5e27

8 新增圖層後，使用深棕色筆刷在刀柄末端繪製圓圈，接著將筆刷換成白色並調小，為刀柄和刀片的側面畫線，表現立體感。

● #4f3a1e ○ #ffffff

9 新增圖層後，使用〔東方畫〕筆刷繪製刀片上的果醬。完成後，將刀子的所有圖層放入〔群組〕整理。

● #a11e40

10 新增最下方的圖層，使用〔滲墨〕筆刷繪製盤子並上色。記得將麵包和刀片遮擋的部分也上色，否則後續修改或使用時會有困難。

● #468630

根據線條方向來區分圖層，讓
重疊部分看起來顏色更深，表
現出格子圖案的特徵。

11 在步驟10圖層上應用〔阿爾法
鎖定〕，接著新增兩個圖層並分
別應用〔剪切遮罩〕。繪製盤子
時，一個圖層橫向繪製，一個圖
層則縱向繪製。完成格子後，將
兩個圖層的透明度調整至60%。
○ #ffffff

12 新增圖層後，繪製盤子中心圓圈
並上色，接著切換到〔粉筆〕筆
刷繪製線條，表現盤子的厚度與
閃爍感。完成後，將盤子的所有
圖層放入〔群組〕整理。
○ #ffffff

繪製麵包塗醬時，組合適合顏色和質感的筆刷，
可以創造出多種不同效果，嘗試一下你喜歡的口味吧！

奶油：書法→〔軟炭〕筆刷　　　巧克力醬：著墨→〔著墨〕筆刷

蜂蜜：著墨→〔糖漿〕筆刷＋調整圖層透明度
奶油：書法→〔軟炭〕筆刷

LEVEL 3

提升
作品質感

香醇卡布奇諾

嘗試在咖啡店的愜意氛圍中畫畫吧！
在這幅圖畫中，我們將練習使用不同的筆刷，
來為每個元素特徵增添適合的質感。

畫布大小：150 x 150mm	筆刷：	顏色：
解析度：300dpi	素描→〔6B 鉛筆〕	
色彩模式：sRGB	噴霧→〔柔化〕	
	上漆→〔東方畫〕	

1 在空圖層上使用〔6B鉛筆〕筆刷繪製圖畫輪廓，或使用草圖檔案（p.78）。

2 新增圖層後，使用〔6B鉛筆〕筆刷繪製咖啡杯並上色。

● #c3b6b0

3 在步驟2圖層上應用〔阿爾法鎖定〕，接著新增兩個圖層並分別應用〔剪切遮罩〕。一個圖層用深灰色〔柔化〕筆刷，另個圖層則用白色〔柔化〕筆刷，並將兩個圖層透明度都調整至60%。

● #9a938e ○ #ffffff

4 新增圖層後，使用〔6B鉛筆〕筆刷繪製曲線並填寫文字，表現立體感。

○ #ffffff

〔東方畫〕筆刷
特徵是紋路，輕
觸並減小力道更
能表現質感。

5 新增圖層後，繪製咖啡泡沫，於
上方的錐形部分會成為亮點。

● #a48053

6 在步驟5圖層上應用〔阿爾法鎖
定〕，在其上方新增圖層並應用
〔剪切遮罩〕。在此新增圖層使
用淺米色〔東方畫〕筆刷畫出牛
奶泡沫。

#f7eade

7 新增圖層後，應用〔剪切遮罩〕，
用白色〔6B鉛筆〕筆刷在牛奶泡
沫中繪製線條，表現光感，接著
使用淺棕色〔6B鉛筆〕筆刷在濃
縮咖啡泡沫中繪製線條，表現立
體感。

○ #ffffff ● #bf9c6f

8 新增圖層後，應用〔剪切遮罩〕，
以傾斜筆尖輕觸繪製，表現可可
粉的質感。完成後，將卡布奇諾
的所有圖層放入〔群組〕整理。

● #916542

9 新增圖層後，繪製餅乾和周圍碎
屑並上色。

● #b0762c

10 在步驟9圖層上應用〔阿爾法鎖
定〕，接著新增兩個圖層並分別
應用〔剪切遮罩〕。其一圖層表
現餅乾的凸起花紋和文字。

● #d59f5c

11 另一個圖層中，調整筆刷大小，
沿著餅乾表面花紋繪製線條，表
現一側的陰影，增強立體感。完
成後，將餅乾的所有圖層放入
〔群組〕整理。

● #996727

LEVEL 3

提升
作品質感

手工法式麵包

在散步的路途中，我進入一家麵包店買了美味的長棍麵包，

並用植物裝飾了餐桌。在這幅圖畫中，

將用最基本的筆刷來表現不同元素的質感和特徵。

畫布大小：150 x 150mm	筆刷：	顏色：
解析度：300dpi	素描→〔6B鉛筆〕	
色彩模式：sRGB	素描→〔納林德鉛筆〕	
	書法→〔粉筆〕	

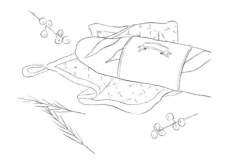 

1 在空圖層上使用〔6B 鉛筆〕筆刷繪製圖畫輪廓，或使用草圖檔案（p.78）。

2 新增圖層後，使用〔6B 鉛筆〕筆刷繪製桌墊邊緣以外的部分並上色。稍後會再新增紅色邊緣圖層，所以不必畫得完美。

◍ #f3e7cb

3 新增圖層後，繪製桌墊的邊緣並上色。

● #c35125

4 新增圖層後，繪製桌墊皺褶。如果是繪製重疊部分，要在連接處畫出線條，以區分折疊的形狀。

○ #ffffff

5 新增圖層後，繪製桌墊紋路。請
依布料的皺褶線條來繪製，折疊
部分的皺褶方向畫得不同，會更
自然。完成後，將桌墊的所有圖
層放入〔群組〕整理。

● #85b7c3

6 新增圖層後，使用〔粉筆〕筆刷
繪製麵包並上色。

● #cba658

7 新增圖層後，繪製麵包上的裂縫
並上色。

● #f3deb2

8 在步驟6圖層上應用〔阿爾法鎖
定〕，在其上方新增圖層並應用
〔剪切遮罩〕。在此新增圖層以
傾斜角度筆刷繪製，表現麵包外
層質感。

● #a96d16

9 在步驟7圖層上應用〔阿爾法鎖定〕，在其上方新增圖層並應用〔剪切遮罩〕。在此新增圖層上，根據麵包裂縫的傾斜角度，繪製酥脆質感。

● #a96d16

10 新增圖層後，使用〔6B鉛筆〕筆刷繪製包裝紙並上色。

11 新增圖層後，使用〔納林德鉛筆〕筆刷繪製包裝紙的花紋和標誌，包裝紙可依個人喜好來裝飾。完成後，將麵包的所有圖層放入〔群組〕整理。

12 新增圖層後，在左上角繪製紅色果實。

● #ad3e32

13 新增圖層後，用棕色筆刷繪製果實枝幹，用古銅色筆刷繪製果實頂部。

● #a26826 ● #513f28

14 將完成的果實圖層放入〔群組〕並複製，接著使用〔移動〕工具調整位置，使其擺置在右下角。

15 新增圖層後，繪製迷迭香。繪製植物的莖和葉時，調整筆觸壓力，便可以自然繪製出末端尖銳而細的線條。

● #5d7e45

16 複製完成的迷迭香圖層，使用〔移動〕工具，使其自然重疊排列，即完成作品。

風味起司

美味又鹹香的起司，有著各自獨特的外觀及多樣的風味，

你喜歡的起司是哪種類型呢？在這幅圖畫中，

將利用不同質感的筆刷來繪製色調類似，

但外觀和特點卻不同的起司。

畫布大小：150 x 150mm	筆刷：	顏色：
解析度：300dpi	素描→〔6B鉛筆〕	⬤ ⬤ ◯ ⬤ ⬤
色彩模式：sRGB	書法→〔粉筆〕	⬤
	噴霧→〔柔化〕	
	上漆→〔東方畫〕	
	藝術風格→〔光暈〕	

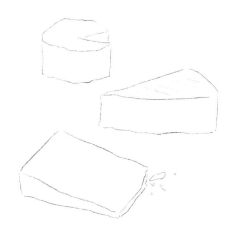

1 在空圖層，使用〔6B鉛筆〕筆刷繪製圖畫輪廓，或者使用草圖檔案（p.78）。

2 先繪製上面的卡門貝爾起司。新增圖層後，使用米色〔6B鉛筆〕筆刷繪製起司並上色。再新增一個圖層，置於前個圖層下方，使用淺黃色筆刷繪製起司斷面。

　　　 ● #eed487　　#fff2ca

3 將步驟2的整個起司圖層應用〔阿爾法鎖定〕，再新增兩個圖層，各自應用〔剪切遮罩〕。一個圖層使用〔粉筆〕筆刷，以傾斜筆尖繪製，呈現粉末感。

　　　 ○ #ffffff

4 另一圖層在起司的側面以相同方式增添質感。再新增一個圖層，使用〔6B鉛筆〕筆刷在起司斷面上繪製線條，表現立體感。

　　　 ● #daba5c

5 新增圖層後，使用深橙色繪製切達起司並上色。再新增一個圖層，置於前個圖層下方，使用淺黃色筆刷繪製起司斷面。

● #d59f1f　◐ #fff2ca

6 將步驟5的整個起司圖層應用〔阿爾法鎖定〕，在其上方新增圖層並應用〔剪切遮罩〕。在此新增圖層使用〔柔化〕筆刷繪製孔洞細節。

◐ #eed487

7 將步驟5的整個起司圖層應用〔阿爾法鎖定〕，在其上方新增圖層並應用〔剪切遮罩〕。在此新增圖層使用白色〔粉筆〕筆刷增添粉末感。再新增圖層，使用米色筆刷繪製起司斷面的邊緣。

○ #ffffff　● #eed487

8 新增圖層後，使用〔6B鉛筆〕筆刷繪製藍乳酪和周圍碎片。

● #eed487

9 在步驟8圖層上應用〔阿爾法鎖定〕，再新增兩個圖層應用〔剪切遮罩〕。其一使用淺黃色〔東方畫〕筆刷繪製起司頂面，使用土黃色筆刷繪製側面和碎片。

#fff2ca ● #c8b270

10 另一圖層使用綠色〔極光〕筆刷繪製不規則圖案。再新增圖層，使用土黃色〔6B鉛筆〕筆刷在外圍和側面的角落繪製線條，即完成作品。

● #396645 ● #c8b270

可以加上喜歡的背景顏色和陰影，並搭配簡單文字，
製作成迷你海報，輕鬆創作出漂亮作品。

LEVEL 4
以完成的作品構圖

在 Level 4 中，
我們將練習如何利用過去所完成的圖畫，
創作更完整的作品。除了之前學到的功能外，
還會利用「管理」、「工具」的功能來提高圖畫品質。

在Level 4中，由於要再次使用已畫好的圖案，因此保護原始檔案並將圖片載入是非常重要的過程，讓我們一起來了解以下兩種方法。

複製「原始檔案」來使用

這是保護原始檔案的最佳方法，但由於會產生兩個相同檔案，因此需要注意檔案名稱，建議在原始檔案的檔名中加上「原版」標記。

① 將複製的圖層合併

② 拷貝已合併的圖層

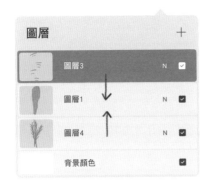

1 在作品集中〔選取〕要使用的檔案，接著點擊〔複製〕。打開複製的檔案，將整個圖片的圖層進行合併。如果圖層是一個群組，選擇該圖層並按下〔扁平化〕按鈕，如果圖層不在群組中，則用兩個手指捏住圖層進行合併。

2 點擊合併後的圖層，接著按下〔拷貝〕。

③ 貼到新畫布上　　　　　④ 使用移動工具進行排列

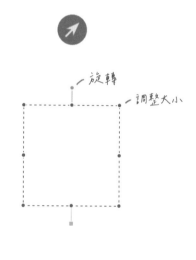

3　打開新畫布，點擊〔操作〕→〔添加〕→〔貼上〕，會打開複製的圖層。

4　自動啟用〔移動〕工具，透過旋轉、縮放和調整位置來擺放複製的圖片。

TIP　調整圖片位置時，務必點按選擇框的內部或外部，而不是藍色圓點。

從原始檔案複製「圖層」使用

此方法的優點是檔案數量不會增加，但在複製過程中可能意外損壞原始檔案，而且如果可用的圖層數量不夠多，使用上可能會有困難。

① 從原始檔案中複製圖層　　② 合併複製的群組　　③ 拷貝圖層

1　打開要使用的檔案，將圖層群組向左滑動並點擊〔複製〕。如果不是群組，選擇多個要合併的圖層後，將它們組成〔群組〕並複製該群組。

2　點擊複製的群組，將其〔扁平化〕。

3　點擊合併後的圖層，點選〔拷貝〕。

④ 貼到新畫布上　　　　　　　　⑤ 使用移動工具進行排列

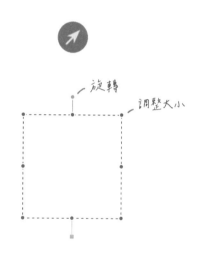

4 打開新畫布，點擊〔操作〕→〔添加〕→〔貼上〕，會打開複製的圖層。

5 自動啟用〔移動〕工具，透過旋轉、縮放和調整位置來擺放複製的圖片。

LEVEL 4

以完成的
作品構圖

豐富水果盤

將各種水果圖案集結在一起，就能形成豐盛的水果盤。

在這幅圖畫中，透過複製、合併等圖層功能，

將先前完成的圖片輕鬆組合成新作品吧！

畫布大小：150 x 150mm	筆刷：	顏色：
解析度：300dpi	素描→〔6B 鉛筆〕	
色彩模式：sRGB		

1 在空圖層上使用〔6B鉛筆〕筆刷
繪製圖畫輪廓，或者使用草圖檔
案（p.78）。

2 從檔案中複製完成的「西洋梨
（p.178）、水蜜桃（p.180）」檔
案，接著使用〔移動〕工具，將
其放置在草圖位置。

3 當圖案排列後，在新圖層使用
〔6B鉛筆〕筆刷畫出2顆紅莓並
上色。

● #7a172e

4 在步驟3圖層上應用〔阿爾法鎖定〕，在其上方新增圖層並應用〔剪切遮罩〕。在此新圖層繪製紅莓的凹凸感。完成後，將所有水果圖層合併成一個〔群組〕，進行整理。

● #d3506c

5 新增圖層後，繪製盤子並上色。
● #2c2f56

繪製盤子時，即使被水果遮擋，仍需將整個盤子完整繪製，以便後續使用盤子圖案時，不必為遮擋部分重新上色。

6 新增圖層後，繪製盤子內部線條，表現凹陷狀。完成後，將盤子的所有圖層合併成〔群組〕，進行整理。請確保盤子群組放置於最底層。

● #666997

美好夏日景致

**以完成的
作品構圖**

海洋、陽光、雨季都是夏天的形象。

提著零食籃、穿著泳衣度過美好的夏日假期，

如果又遇上鴨子家族，更讓人難忘吧？

在這幅圖畫中，我們將利用圖層的合併、複製功能，

組合已完成的圖畫，並結合手寫字來完成小海報。

畫布大小：150 x 150mm	筆刷：	顏色：
解析度：300dpi	素描→〔6B鉛筆〕	
色彩模式：sRGB	書法→〔粉筆〕	

1 在空圖層上使用〔6B 鉛筆〕筆刷繪製圖畫輪廓，或者使用草圖檔案（p.78）。

2 從檔案中複製完成的「小鴨家族（p.131）、藤編包（p.150）、花紋泳衣（p.152）」檔案，接著使用〔移動〕工具，將其放置在草圖位置。

3 新增圖層後，使用〔粉筆〕筆刷在下方寫上文字「Summer！」。
　　　　　　　　● #ce5b2e

4 在圖層視窗中，點擊〔背景顏色〕來更改顏色，即完成海報。

● #c9e0d4

TIP

雖然是簡單的佈局、背景色和手寫字的組合，但你可以隨意重組繪製的元素，創造出屬於自己的獨特作品。

精緻貼身小物

香水瓶、梳子、項鍊等裝飾物品雖然小小的，
但我們仍可以將它們繪製成一幅漂亮作品！
在這幅圖畫中，我們將利用圖層的合併、複製功能，
輕鬆處理已完成的圖畫，也使用文字功能，寫出漂亮的英文字體。

畫布大小：150 x 150mm	筆刷：	顏色：
解析度：300dpi	素描→〔6B鉛筆〕	
色彩模式：sRGB		

1 在空圖層上使用〔6B鉛筆〕筆刷繪製圖畫輪廓，或者使用草圖檔案（p.78）。

2 圖畫中包含白色珍珠項鍊，因此建議在圖層窗口中點擊〔背景顏色〕，暫時更改為淺色背景。

3 更改背景色後，複製「珍珠項鍊（p.107）、髮梳（p.140）、香水（p.155）」檔案，使用〔移動〕工具，將其放置在草圖位置。

4 點擊〔操作〕→〔添加〕→〔添加文字〕，輸入所需文字，接著將字體改為英文手寫風格，並將文字放置在下方，調整文字圖層透明度。

5 新增圖層後，使用〔6B 鉛筆〕筆刷，沿著下方文字圖層寫出手寫字體。

● #feb409

TIP

使用〔6B 鉛筆〕筆刷搭配〔納林德〕等筆刷，可以順利呈現手寫感。

6 寫完文字後，取消文字圖層的勾選，將它隱藏。最後修改背景顏色，即完成作品。

● #934c35

療癒園藝風景

想像一下自己在週末上午享用早餐後，

在花園裡悠閒地處理園藝的場景。

在這幅圖畫中，我們將運用已完成的圖畫，

將它們組合在一起、填滿畫布，豐富另一幅新作品。

畫布大小：200 x 200mm	筆刷：	顏色：
解析度：300dpi	素描→〔6B鉛筆〕	● ● ○
色彩模式：sRGB	噴霧→〔柔化〕	
	書法→〔條紋〕	

1 在空圖層上使用〔6B 鉛筆〕筆刷繪製圖畫輪廓，或者使用草圖檔案（p.78）。

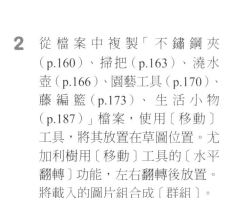

2 從檔案中複製「不鏽鋼夾（p.160）、掃把（p.163）、澆水壺（p.166）、園藝工具（p.170）、藤編籃（p.173）、生活小物（p.187）」檔案，使用〔移動〕工具，將其放置在草圖位置。尤加利樹用〔移動〕工具的〔水平翻轉〕功能，左右翻轉後放置。將載入的圖片組合成〔群組〕。

3 新增圖層後，使用〔6B 鉛筆〕筆刷在右下角繪製橢圓並上色。

● #787878

4 在步驟3圖層上應用〔阿爾法鎖定〕，在其上方新增圖層並應用〔剪切遮罩〕。使用〔柔化〕筆刷在橢圓上繪製質感，接著把圖層透明度調整至60％。

● #9c948f

5 新增圖層後，使用〔條紋〕筆刷在橢圓內部繪製小橢圓，接著在中心位置加上「Home Gardening」等文字，即完成作品。

○ #ffffff

自製創意月曆

將可愛的圖案收集、排列，並在下方寫上日期，

創意日曆就完成了，要不要預先準備下個月的日曆呢？

我們將載入圖案並處理圖檔，再運用繪圖參考線加上日期。

畫布大小：280 x 450mm	筆刷：	顏色：
解析度：300dpi	素描→〔6B 鉛筆〕	
色彩模式：sRGB	書法→〔條紋〕	

1 在空圖層上使用〔6B鉛筆〕筆刷繪製圖畫輪廓，或者使用草圖檔案（p.78）。

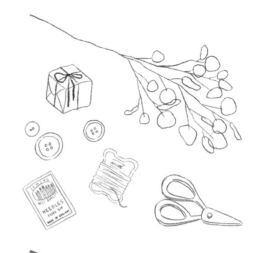

2 從檔案中複製「縫紉棉線（p.134）、鈕扣（p.142）、縫紉針（p.146）、生活小物（p.187）」，接著使用〔移動〕工具，將其放置在草圖位置。包裹和尤加利樹使用〔移動〕工具的〔水平翻轉〕功能，將圖案左右翻轉。

3 新增圖層後，使用〔條紋〕筆刷在右上角寫上月份。

● #876234

4 選擇〔操作〕→〔畫布〕→〔繪圖參考線〕以啟用工具。

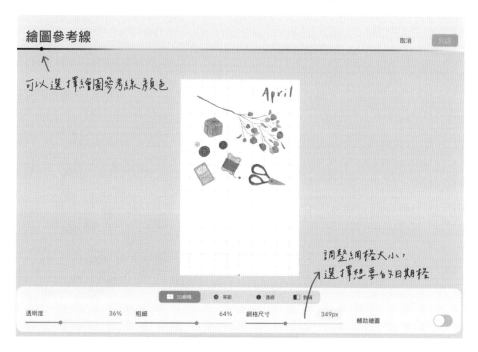

5 在繪圖參考線下選擇〔編輯繪圖參考線〕，將顯示上述畫面。可以在頂部色彩條中選擇參考線的顏色，並在下方選單中編輯各種設置。調整〔網格尺寸〕，預想日期的擺放位置。

6 按照網格的位置和間距，加上日期。星期日以紅色表示，工作日以黑色表示，建議在不同的圖層上繪製。

● #d85225　● #3d3d3d

7 再次選擇〔操作〕→〔畫布〕→〔繪圖參考線〕，將繪圖參考線關閉，即完成作品。

LEVEL 4

以完成的
作品構圖

專屬復古書桌

看到擺滿古董小物的桌子，讓人真好奇這個桌子的主人是誰？
在這幅圖畫中，將利用之前繪製的圖畫，再加上簡單背景，
完成復古風格的海報。

畫布大小：150 x 200mm
解析度：300dpi
色彩模式：sRGB

筆刷：
素描→〔6B鉛筆〕
書法→〔粉筆〕

顏色：

1 在空圖層上使用〔6B鉛筆〕筆刷繪製圖畫輪廓，或者使用草圖檔案（p.78）。

2 從檔案中複製「檯燈（p.99）、木刷（p.105）、珍珠項鍊（p.107）、書籍（p.111）、咖啡杯（p.126）、髮梳（p.140）、香水（p.155）」，使用〔移動〕工具，將其放置在草圖位置。圖畫中包含白色珍珠項鍊，因此建議在圖層窗口中點擊〔背景顏色〕，暫時改為淺色背景。

3 在香水圖層下方新增圖層，使用〔粉筆〕筆刷繪製陰影，並將圖層透明度調整至70%，呈現較淡的效果。請確認「香水→陰影→書」的圖層順序。

● #a6a091

4 在最底下新增圖層，為其他元素繪製陰影，接著將圖層透明度調整至70%。完成後，將圖層分組整理。

5 新增圖層後，使用〔6B 鉛筆〕筆刷繪製桌子並上色。即使上方的圖案會遮擋桌子的部分區域，也要保持整個桌子的完整塗色。

#fff9d6

6 新增圖層後，將筆刷大小調整為最粗，以垂直方向繪製牆壁，表現出壁紙的質感。請確認牆壁圖層在桌子圖層下方。

● #99c6c3

7 在步驟5圖層上方新增圖層，繪
製桌子邊緣。

● #ac4523

8 新增圖層後，繪製桌子紋路，即
完成作品。

● #d3ad32

以完成的
作品構圖

豐盛民宿早餐

想像著在距離城市遙遠的寧靜山莊上享受早餐的情景，

儘管有淅瀝瀝的雨聲和不甚明亮的陽光，

仍是無可取代的獨特靜謐氛圍，一起來嘗試繪製這個情景吧！

畫布大小：190 x 220mm	筆刷：		顏色：
解析度：300dpi	素描→〔6B鉛筆〕		
色彩模式：sRGB	繪圖→〔考伯海德〕		
	有機→〔竹〕		
	藝術風格→〔光暈〕		
	著墨→〔乾式墨粉〕		

1　在空圖層上使用〔6B 鉛筆〕筆刷
　　繪製圖畫輪廓，或使用草圖檔案
　　（p.78）。

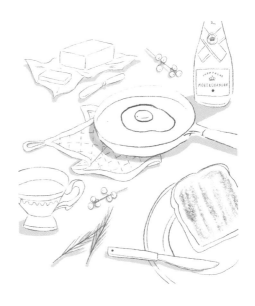

2　新增圖層後，使用〔考伯海德〕
　　筆刷，以水平方向繪製背景顏
　　色，表現樹木紋理。

● #564737

3 新增圖層後，使用〔竹〕筆刷增添紋理，呈現樹木的紋理細節。

● #82613d

4 新增圖層後，使用〔極光〕筆刷繪製明亮的樹木紋理，接著將圖層透明度調整至30%，以淡化效果。完成後，將背景圖層整理成〔群組〕。

○ #ffffff

5 新增圖層後，從檔案中複製「荷包蛋（p.102）、奶油（p.114）、咖啡杯（p.126）、香檳（p.137）、吐司（p.191）、法國麵包（p.201）」檔案，使用〔移動〕工具，將其放置在草圖位置。某些元素需使用〔水平翻轉〕功能進行左右翻轉。

6 在平底鍋圖層下面新增圖層，使用〔乾式墨粉〕筆刷繪製陰影，接著將圖層透明度調整至80%。確認圖層順序為「平底鍋→陰影→桌墊」。

● #362b23

7 在刀具圖層和吐司盤圖層之間新增圖層，繪製刀具陰影，接著將圖層透明度調整至80%。

8 以同樣方法，繪製其他重疊元素的陰影後，在桌面圖層群組的上方新增圖層，繪製桌面上其他物品的陰影，即完成作品。

以完成的
作品構圖

愜意咖啡時光

相同的食物放在桌上，根據桌布不同，可以表現出不一樣氛圍，
讓我們試著將水果搭配可愛的格紋背景來完成畫作。
在之前繪製的水果盤圖案中，加入相關的元素、背景和陰影，
就能讓畫作更加豐富。

畫布大小：150 x 150mm	筆刷：	顏色：
解析度：300dpi	素描→〔6B鉛筆〕	
色彩模式：sRGB	著墨→〔乾式墨粉〕	

1 在空圖層上使用〔6B鉛筆〕筆刷繪製圖畫輪廓，或使用草圖檔案（p.78）。

2 如同先前調整圖層透明度來繪製格紋的方法，用自己喜歡的顏色繪製格紋背景。

調整圖層透明度繪製格紋
→參閱p.74

3 新增圖層後，從檔案中複製「水果盤（p.215）」，使用〔移動〕工具，將其放置在草圖位置。

4 複製一個紅莓放置盤子外圍，也可以自己重新再繪製。

5 新增圖層後，使用〔6B鉛筆〕筆刷繪製俯視的咖啡杯並上色。
○ #ffffff

6 將步驟5圖層套用〔阿爾法鎖定〕，在其上方新增圖層並應用〔剪切遮罩〕。以傾斜筆觸繪製咖啡杯陰影。
⬤ #dedede

7 新增圖層後,用咖啡色筆刷繪製咖啡。右側的咖啡杯也用同樣方法繪製並上色。

● #583101

8 新增圖層後,在格紋背景和水果盤、咖啡圖層之間繪製陰影,接著將圖層透明度調整至60%。

● #393409

9 新增一個位於最上面的圖層，使用〔乾式墨粉〕筆刷繪製文字。如果想更改顏色，可透過〔調整〕→〔色相、飽和度、亮度〕→〔圖層〕來調整。

10 複製步驟9的圖層，並進行〔調整〕→〔色相、飽和度、亮度〕→〔圖層〕，將〔亮度〕調至100%，接著將該圖層置於彩色文字下方，使用〔移動〕工具，將其放置右下角位置當作陰影，即完成作品。

APPENDIX

提升電繪功力的小技巧

常見問題與解決方法

遇到問題時，先確認下列內容，可以解決大多數操作中的困難。

- 檢查顏色選項，確認顏色是否被更改。
- 檢查使用筆刷時是否切換成橡皮擦。
- 確認是否在其他圖層上繪製圖片。
- 檢查側邊欄是否調整了透明度。

除了這些情況以外，一起來看看還有哪些常見問題吧！

清除圖層中的多餘區塊

在繪圖時，儘管只繪製在固定區域，仍有可能不小心畫到其它地方。雖然在畫面上看不太出來，但在圖層縮圖卻會連這些細節的範圍也一起顯示，導致畫面變小、難以辨識，因此建議使用選取工具處理。

除了樹枝外還有其他背景顯示出來

1 檢查圖層縮圖，選擇縮圖中包含整個背景的圖層。

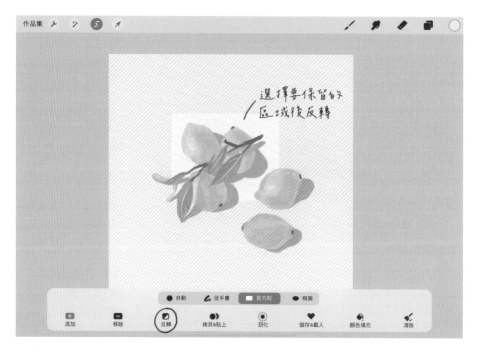

2　使用選取工具，選擇要保留的區域。如果以「徒手畫」圈選，必須再次點擊起始點以確定完成選取。在下方輔助功能中選擇「反轉」，選取要保留區域外的其他區域。

3　再次打開圖層窗格，選擇相應圖層，接著點選〔清除〕，這樣被選取的區域將會被刪除。

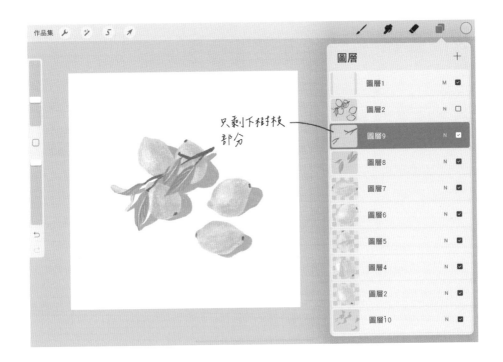

4 　確認圖層縮圖時，如果只顯示出實際繪製的部分，表示多餘的部分已被
　　成功清除。

意外選到其他顏色

繪畫時，有時可能會意外點擊已經上色的其他部分，導致自動啟用選色功
能。如果發生這種情況，長按位於畫面右上角的顏色工具〔●〕，就能恢復
先前使用的顏色。

分離同圖層的元素

在繪畫過程中不斷執行取消操作時，可能會把新增的圖層一起取消，導致應該要在不同圖層上繪畫的元素，被畫在同個圖層上。如果這些元素不是在同一位置疊加，而是分散在一個圖層中，可以使用複製功能輕鬆將元素分開。

1 選擇圖層，使用選取工具選擇要分開的部分。

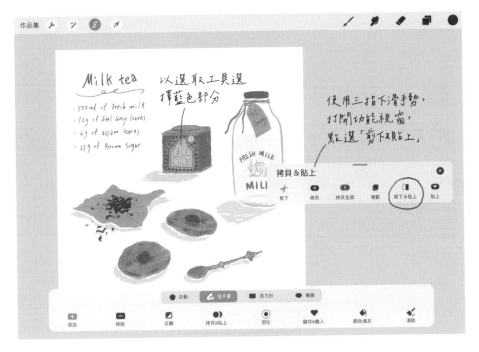

2 　在選擇狀態下，使用三指下滑手勢來啟用手勢功能，接著彈出「拷貝＆貼上」功能視窗，點選「剪下＆貼上」，就能將選擇的部分從原始圖層中刪除，分離到新圖層。

TIP 　三指下滑手勢是手勢功能，建議經常使用、熟悉操作。

3 　分開的新圖層名稱為「從選取範圍」。

修改已完成的顏色

已繪製完成的圖案，可以使用調整工具進行顏色的修改。

1　選擇要修改顏色的圖層。無法同時修改多個圖層，如果只想在圖層的某些部分進行色彩校正，可以使用選取工具選擇需要範圍，使用調整工具進行修改。

TIP　如果在繪製時，不將圖層分開處理，那麼後續部分色彩校正可能會變得困難，因此建議將不同顏色的元素放在不同的圖層上進行處理。

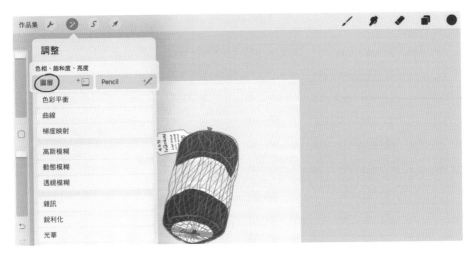

2 選擇〔調整〕→〔色相、飽和度、亮度〕→〔圖層〕。

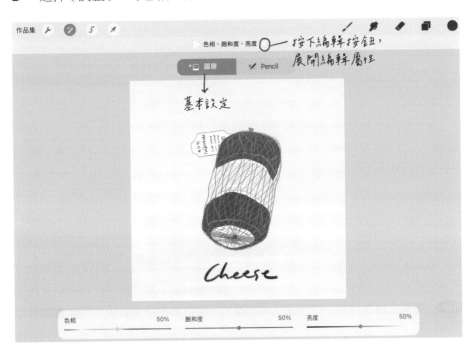

3 編輯屬性分為「圖層」和「Pencil」。「圖層」應用於選擇的整個圖層，「Pencil」僅應用在圖層上有使用筆刷繪畫的部分。基本設定為「圖層」，如果需要「Pencil」功能，按下展開按鈕更改屬性即可。

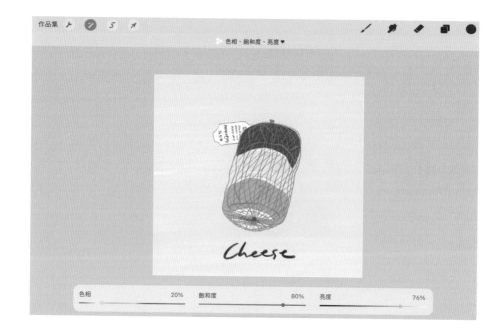

4 調整各個功能條，校正色彩。在移動功能條時，可立即在畫面看到色彩
變化。

色相
即調整我們肉眼所見的顏色。

飽和度
飽和度越高，顏色越鮮明；飽和度越低，顏色越接近無色。

亮度
調整顏色明亮程度。最高亮度是白色，最低亮度是黑色。

TIP 在無色情況下，顏色值並不存在，因此調整色相與飽和度時不會有變化。

索引

台灣廣廈 國際出版集團
Taiwan Mansion International Group

國家圖書館出版品預行編目（CIP）資料

我的第一堂Procreate電繪課【獨家附贈繪圖素材】：從基礎到應
用！用40款療癒小圖，逐步熟練「線稿×上色×筆刷×圖層」
的電繪全技巧 / Boniroom（鄭普銀）作. -- 初版. -- ［臺北市］：
紙印良品出版社, 2023.11
面； 公分
ISBN 978-986-06367-5-8（平裝）
1.CST: 電腦繪圖 2.CST: 繪畫技法

312.86   112013940

🎵 紙印良品

我的第一堂Procreate電繪課【獨家附贈繪圖素材】

從基礎到應用！用**40**款療癒小圖，逐步熟練「線稿×上色×筆刷×圖層」的電繪全技巧

作　者／Boniroom（鄭普銀）　　編輯中心編輯長／張秀環・編輯／蔡沐晨、陳虹妏
譯　者／陳靖婷　　　　　　　　封面設計／何偉凱・內頁排版／菩薩蠻數位文化有限公司
　　　　　　　　　　　　　　　製版・印刷・裝訂／東豪・弼聖・秉成

行企研發中心總監／陳冠蒨　　　線上學習中心總監／陳冠蒨
媒體公關組／陳柔彣　　　　　　數位營運組／顏佑婷
綜合業務組／何欣穎　　　　　　企製開發組／江季珊、張哲剛

發　行　人／江媛珍
法 律 顧 問／第一國際法律事務所 余淑杏律師・北辰著作權事務所 蕭雄淋律師
出　　　版／紙印良品
發　　　行／台灣廣廈有聲圖書有限公司
　　　　　　地址：新北市235中和區中山路二段359巷7號2樓
　　　　　　電話：（886）2-2225-5777・傳真：（886）2-2225-8052

代理印務・全球總經銷／知遠文化事業有限公司
　　　　　　地址：新北市222深坑區北深路三段155巷25號5樓
　　　　　　電話：（886）2-2664-8800・傳真：（886）2-2664-8801
郵 政 劃 撥／劃撥帳號：18836722
　　　　　　劃撥戶名：知遠文化事業有限公司（※單次購書金額未達1000元，請另付70元郵資。）

■出版日期：2023年11月　　　ISBN：978-986-06367-5-8
　　　　　　2024年9月4刷　　　版權所有，未經同意不得重製、轉載、翻印。